Katrin und Frank Hecker

Mit Binokular und Lupe

Der Natur auf der Spur

Haupt

Katrin und Frank Hecker

Mit Binokular und Lupe

Der Natur auf der Spur

Haupt Verlag Bern Stuttgart Wien

IMPRESSUM

Fotos: Frank Hecker
Layout: Susanne Nöllgen/
GrafikBüro, D-Berlin

Bibliografische Information der Deutschen Bibliothek:
Die Deutsche Nationalbibliothek verzeichnet diese Publikation in der Deutschen Nationalbibliografie; detaillierte bibliografische Daten sind im Internet über http://dnb.d-nb.de abrufbar.

ISBN 978-3-258-07724-6

www.haupt.ch

FSC
www.fsc.org
MIX
Papier aus verantwortungsvollen Quellen
FSC® C012425

INHALT

Beobachten mit der Lupe

Beobachten mit dem Binokular

Auf Expeditionen zu den Geheimnissen der Natur

Warum fliegt die Eule lautlos? Wieso brennt die Brennnessel und womit frisst eine fleischfressende Pflanze? – Ausgestattet mit einer Lupe, wird jeder Spaziergang, sogar jener durch die eigene Wohnung, zum spannenden Abenteuer: Wer hat hier seine Fingerabdrücke hinterlassen, und gibt es bei uns tatsächlich Skorpione? Das vorliegende Buch zeigt, wie man mit Lupe und Binokular Jagd auf die faszinierenden Geheimnisse des Mikrokosmos machen kann.

Mit einer Lupe in der Hand tun sich ganz neue, faszinierende Welten auf!

Praktisch für Exkursionen sind solche einklappbaren Lupen: hier ist das Glas vor Schmutz und Kratzern geschützt.

…mit der Handlupe

Handlupen sind das ideale Hilfswerkzeug, um sich den Mikrokosmos zu erschließen. Beim Kauf einer Lupe solltet ihr unbedingt Wert auf eine gute optische Qualität der Gläser legen. Vergrößerungen zwischen 6- bis 12-fach sind für die meisten Menschen ideal. Dabei gilt: je stärker die Vergrößerung ist, desto stärker auch die Verwackelungsgefahr.

Besonders praktisch sind sogenannte Doppeleinschlag-Lupen: sie bieten zwei verschiedene Lupengläser, z. B. 3-fach- und 6-fach-Gläser, die übereinandergelegt dann eine 9-fache Vergrößerung ergeben. Insbesondere für Einsteiger ist es nämlich oftmals hilfreich, sich dem Objekt schrittweise zu nähern. Achtet auch darauf, das Gesichtsfeld einer Einschlaglupe nicht zu klein zu wählen: idealerweise sollten die Lupengläser einen Durchmesser von 2 cm nicht unterschreiten.

Lupen richtig benutzen

Die meisten Menschen halten eine Lupe automatisch möglichst weit weg vom Auge und möglichst nah ans Objekt. Das ist genau verkehrt herum! Wollt ihr wirklich scharfe Bilder sehen, so haltet die Lupe so nah ans Auge, dass es eure Wimpern fast berührt; nun nähert ihr euer Objekt so weit, bis ihr ein scharfes Bild erhaltet.

Im Notfall könnt ihr auch einfach euer verkehrt herum gehaltenes Fernglas als Lupe benutzen!

...mit der Becherlupe

Wer Tiere anschauen möchte, der hat oft das Problem, dass das Tier nicht sonderlich kooperativ ist: anstatt ruhig zu posieren, krabbelt es schon wieder weg. Hier leistet eine Becherlupe gute Dienste, weil ihr hier kleine Tiere in Ruhe durch die eingebaute Lupe im Deckel beobachten könnt. Auch zum Beobachten von Wassertieren sind solche Becherlupen außerordentlich praktisch!

Becherlupen sind Plastikbecher mit einer eingebauten Lupe im Deckel.

Tiere mit dem „magischen Auge" anschauen

Um Tiere kurzfristig am Wegkrabbeln zu hindern, leistet ein selbst gebautes „magisches Auge" hervorragende Dienste. Gerade wenn es darum geht, Details mit der Lupe erkennen zu wollen, ist es wichtig, dass ein Tier wirklich stillhält. Im „magischen Auge" wird das Tier nicht verletzt, nur kurzfristig schonend ruhig gestellt.

Das braucht ihr zum Bau eines „magischen Auges“:

■ 2 durchsichtige Plastikbecher ■ Styropor (ca. 1 cm dick) ■ Schere und Filzstift ■ Küchenmesser ■ Frischhaltefolie ■ Klebe

So bastelt ihr euer „magisches Auge“:

Das magische Auge besteht aus zwei Plastikbechern, die so ineinandergeschoben werden, dass ihr ein Tier kurzfristig darin anschauen könnt. Dazu müsst ihr zuerst die Böden der beiden Becher mit der Schere abschneiden.

1. Der Boden des ersten Bechers wird durch eine Styroporscheibe ersetzt. Dazu stellt ihr den Becher mit der Unterseite auf Styropor. Mit dem Filzstift umrandet ihr den Becher; danach nehmt ihr ihn wieder weg. Nun könnt ihr mit dem Küchenmesser vorsichtig den Umriss aus dem Styropor ausschneiden. Die ausgeschnittene Styroporscheibe steckt ihr in die offene Unterseite des Bechers (evtl. mit etwas Klebe am Rand fixieren).

2. Den Boden des zweiten Bechers bespannt ihr mit Frischhaltefolie. Stellt den Becher mit der Oberseite auf die Frischhaltefolie und umrandet den Becher mit Filzstift. Schneidet die Folie an der markierten Linie aus und spannt sie über den Boden des Bechers. Am besten hält es, wenn ihr sie am Rand festklebt.

Gefangen im „magischen Auge“

Nun könnt ihr bequem ein Tierchen in dem mit Folie bespannten Becher fangen. Den Becher mit dem Styroporboden schiebt ihr behutsam in den anderen Becher hinein. Passt gut auf, dass ihr das Tierchen dabei nicht versehentlich quetscht! Schiebt den Becher so weit in den anderen hinein, bis das Tier zwischen dem Styropor und der Folie fixiert ist. Nun könnt ihr es ganz genau mit der Lupe betrachten. Bitte die Tiere sofort nach dem Betrachten wieder am Fundort freilassen. Für längere Aufenthalte ist das Gefäß keinesfalls geeignet!

Das Stereomikroskop (Stereolupe, Binokular)

Viele Kinder und Jugendliche träumen von einem Mikroskop – und sind dann enttäuscht, wenn sie eines bekommen. Denn ein herkömmliches Mikroskop erlaubt lediglich das Anschauen hauchdünner, lebloser Spezialpräparate, die entweder fertig gekauft oder mit einer Rasierklinge selber hergestellt werden. Die größten lebenden Tiere, die ihr unter einem solchen Mikroskop gerade noch anschauen könnt, wären mit dem Auge kaum noch sichtbare Wasserorganismen aus einem Wassertropfen. Unter einem Mikroskop wird nämlich nur das sichtbar, was hauchdünn ist und so mit der Mikroskopbeleuchtung leicht durchstrahlt werden kann.
Ganz anders funktioniert ein sogenanntes Stereomikroskop oder Binokular. Hier könnt ihr den lebenden Käfer oder die Blume, die ihr eben noch in der Hand gehalten habt bei einer 6- und 40-fachen Vergrößerung, bei manchen Geräten auch bis zu einer 100-fachen Vergrößerung ganz genau sehen. Unter einem Binokular haben eure Hände viel Platz zum Hantieren und Experimentieren – egal, was ihr findet: solange es unter das „Bino“ passt, könnt ihr es auch in starker Vergrößerung sehen.

Unter dem Binokular seht ihr lebende Tiere ganz nah

Darauf solltet ihr beim Kauf eines Binokulars achten:

Günstig ist, wenn das Binokular über ein Auflicht (Licht von oben) und ein Durchlicht (Licht von unten) verfügt. Praktisch für den Einsatz draußen in der Natur sind zudem Binokulare mit eingebautem Akku, so seid ihr eine gewisse Zeit lang unabhängig von der Stromversorgung. Achtet unbedingt darauf, dass der Einblick ins Binokular schräg verläuft. Manche günstige Geräte erlauben nur einen Blick senkrecht von oben, was mit der Zeit beim Arbeiten mit dem Gerät sehr anstrengend ist. Am schönsten ist es, wenn das Binokular über zwei Vergrößerungsstufen verfügt, z.B. 10-fach und 30-fach oder 20-fach und 40-fach. Größere Vergrößerungen sind meist nicht sinnvoll, da die Schärfentiefe mit zunehmender Vergrößerung rasch abnimmt.

Womit brennt die Brennnessel?

Autsch! Wohl jeder hat sich im Vorbeigehen schon mal an einer Brennnessel verbrannt. Schon die leichteste Berührung mit ihren Blättern oder Stängeln ruft ein stechendes Brennen auf der Haut hervor, und bald bilden sich juckende Quaddeln. Wie macht die Pflanze das?

Brennnessel

Das braucht ihr

Einige Brennnessel-Stängel (Schere oder Gummihandschuhe zum Ernten nicht vergessen, damit iht euch die Finger nicht verbrennt).

Hier findet ihr euer Material

Von Frühling bis spät in den Herbst hinein an fast allen Wegrändern und auf Wiesen.

Fiese Haare

Wenn man bei 10-facher Vergrößerung unter dem Binokular ein Brennnessel-Blatt von oben anschaut, so sieht es recht harmlos aus. Dreht man es aber um, so wird sichtbar, womit die Brennnessel piesackt. Insbesondere auf den Blattnerven der Blattunterseite ist sie mit unzähligen weißlich-durchsichtigen Haaren bewaffnet. Die meisten sind klein und unscheinbar, einige aber sind doppelt bis drei Mal so lang. Achtung: Diese Haare haben es in sich! Es sind Brennhaare, die wie Nadeln stechen und ein Gift enthalten, das auf der Haut wie Feuer brennt. Die kleineren Haare sind harmlos – sie müssen erst noch zu richtigen Brennhaaren heranwachsen.

Schon mit der Lupe kann man erkennen, dass Blätter und Stängel der Brennnessel von unzähligen winzigen Härchen bedeckt sind. Diese Härchen wollen wir uns genauer anschauen!

So brennt die Brennnessel nicht mehr

Nicht nur für Tiere sind Brennnesseln ein schmackhaftes Kraut. Schon die Steinzeitmenschen wussten Brennnesseln zu schätzen und kochten daraus eine gute Suppe und heilkräftigen Brennnessel-Tee – natürlich ohne sich daran zu verbrennen! Die Brennhaare verlieren ihre Wirkung, wenn die Pflanze getrocknet oder mit kochendem Wasser übergossen wird.

Brennhaare ganz nah

Schaut man sich ein Brennhaar mit der 30-fachen Vergrößerung unter dem Binokular an, so wird deutlich, dass es aus drei Teilen besteht: Der Fußteil ganz unten ist angeschwollen und dick, denn er ist prall mit Flüssigkeit gefüllt. Von außen sieht er etwas schrumpelig aus. Darauf sitzt eine dünne, steife Nadel. Ganz oben, am Ende der Nadel ist ein klitzekleines rundes Köpfchen erkennbar.

Wer nun mit einer spitzen Bleistiftspitze unten gegen den weichen Fußteil des Brennhaares drückt, kann beobachten, wie eine durchsichtige Flüssigkeit aus dem Fußteil aufsteigt und sich in dem steifen, nadelförmigen Haar hin- und herbewegt.

Brennnessel

So funktioniert ein Brennhaar

Streift eine Hand an einem Brennhaar entlang, so bricht dessen klitzekleines Köpfchen ab. Der untere Teil des Haares, der noch immer am Stängel oder am Blatt sitzt, trägt nun eine schräg abgebrochene, spitze Kanüle, die sich blitzschnell in die Hand bohrt und ihre unter Druck stehende Flüssigkeit in die Stichwunde injiziert. Diese Flüssigkeit brennt uns, weil sie unter anderem beißende Ameisensäure enthält. Ein anderer Stoff, namens Histamin, erzeugt die weißen Entzündungsbläschen, die sich nach dem Kontakt mit Brennnesseln typischerweise bilden.

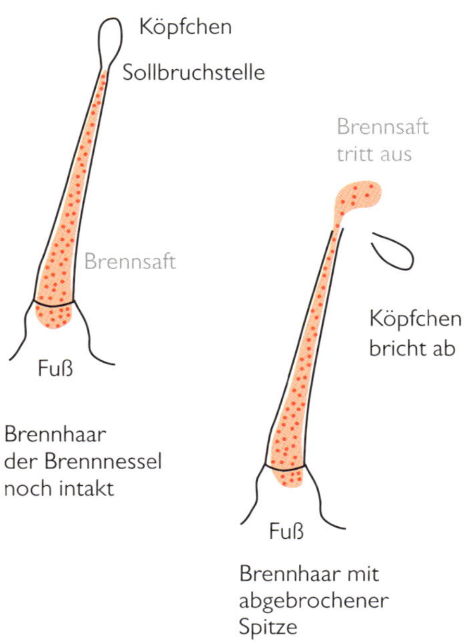

Tipp für Wagemutige

Streicht ihr von unten nach oben an einer Brennnesselpflanze entlang, so kann sie euch nicht verbrennen. In dieser Richtung brechen die Spitzen ihrer Brennhaare nicht ab!

Übrigens: Abwaschen hilft nicht, weil die brennende Flüssigkeit ja in die Haut hineingespritzt wurde. Es hilft nur Zähne zusammenbeißen und bis 30 zählen.

Haben auch Tiere Brennhaare?

Und ob. Die gefürchtetsten Brennhaare im Tierreich kommen bei Schmetterlingen vor. Die Raupen der sogenannten Prozessionsspinner tragen Brennhaare, die leicht abbrechen und mit dem Wind verfrachtet werden. Mit kleinen Häkchen halten sich die Härchen an der Haut und in Schleimhäuten fest und bewirken stark juckende Ausschläge und Atemnot. Unter den Spinnen sind die amerikanischen Vogelspinnen wegen ihrer Brennhaare gefürchtet. Fühlen sie sich bedroht, so schleudern diese Spinnen ihren Angreifern ganze Büschel Brennhaare entgegen. Deshalb werden sie auch „Bombardierspinnen“ genannt. Starker Juckreiz und Hustenanfälle sind die Folgen solcher Bombardierungen.

Experiment Giftspritze

Mit einer spitzen Bleistiftspitze oder einer Nadel lässt sich das kleine Köpfchen am Ende des Brennhaares abbrechen, da sich hier eine besonders dünne Sollbruchstelle am Brennhaar befindet. Wenn man nun auf den Fußteil des Brennhaares drückt, so kann man beobachten, wie das Brennnesselgift oben aus dem Brennhaar austritt.

Wozu braucht die Brennnessel ihr Gift?

Um sich vor großen Tieren zu schützen! Brennnesseln sind nämlich äußerst schmackhaft und enthalten viele Vitamine. Deshalb findet ihr auf Brennnesseln auch immer besonders viele Schmetterlingsraupen, Käfer und Heuschrecken. Sie krabbeln geschickt auf der Brennnessel umher und futtern um die Brennhaare herum, ohne sich dabei zu verbrennen. Besonders schlaue Raupen beißen einfach die Brennhaare unten ab – so können sie nicht gepiekst und verbrannt werden.

Warum ist die Blume bunt?

Die Antwort ist einfach: weil sie auf sich aufmerksam machen will! Je größer und bunter ihre Blütenblätter sind, desto eher wird die Blume von Insekten gesehen und besucht.

Denn ohne Insekten können die meisten Blumen keine süßen Früchte und keine Samen ausbilden. Schaut mal genau hin und entdeckt, wie die geschlechtliche Fortpflanzung der Blumen funktioniert. Übrigens: Die meisten Blumen sind beides zugleich: Männchen und Weibchen!

Die bunten Blütenblätter der Tulpe dienen dazu, Insekten anzulocken. In der Mitte der Blüte steht der weibliche Fruchtknoten mit dem klebrigen Stempel obenauf. Darum herum sind auf Stielen die männlichen Staubbeutel angeordnet.

Das braucht ihr

Möglichst verschieden gestaltete Blüten (z.B. von Tulpen, Rosen, Gänseblümchen und Taubnesseln).

Hier findet ihr euer Material

Von Frühling bis Herbst müsst ihr nur an Wegrändern, auf Wiesen und im Garten Ausschau nach Blüten halten. Im Winter bekommt ihr Blumen im Blumengeschäft, in vielen Supermärkten oder in der Gärtnerei.

Was heißt „Bestäubung"?

Wenn ein Pollenkorn (Blütenstaub) auf die Narbe einer Blüte gelangt, so sagt man, die Blüte wurde „bestäubt". Nur aus einer bestäubten Blüte kann eine Frucht heranwachsen.

Hier gibts was zu naschen

Hat ein Insekt die bunte Blume gefunden, so warten im Inneren der Blüte viele Leckerbissen: feiner, nahrhafter Blütenstaub in Hülle und Fülle! Der Blütenstaub enthält viel Eiweiß und ist eine begehrte Nahrung vieler Insekten. Die Blume gibt ihn aber nicht umsonst her: Für sie ist das Insekt wie ein Taxi, das in seinem Pelz kostenlos den Blütenstaub von einer Blüte zur nächsten trägt und so für die Bestäubung der Blüten sorgt!

Woher kommt der Blütenstaub?

Im Inneren der meisten Blüten seht ihr ganz viele Beutelchen auf Stielen. Das sind die sogenannten Staubbeutel. In den Staubbeuteln reifen Tausende winziger Staubkörnchen heran – das ist der Blütenstaub (er heißt auch „Blütenpollen"). In jedem der winzigen Körnchen schlummern die noch kleineren männlichen Spermien der Blumen.

Pollen-Alarm!

Manche Pflanzen bilden sehr viel Blütenstaub; so zum Beispiel Haselnuss, Weiden und Birken. Zu ihrer Blütezeit sind Autos und Straßen oft von einer dünnen gelben Staubschicht überzogen. Menschen, die gegen Blütenstaub allergisch sind, müssen jetzt oft niesen, bekommen juckende Augen oder sogar Atemnot.

Was ist Blütennektar?

Damit nach dem Futtern der Insekten noch genug Pollen zur Bestäubung übrig bleibt, muss eine Pflanze viel Pollen produzieren! Manche Blumen, die nicht so viel Pollen herstellen wollen, benutzen einen anderen Trick, um die Insekten satt zu bekommen: Sie stellen in ihren Blüten zuckerhaltige Säfte bereit. Dieser süße Blütennektar ist zwar nicht so energiehaltig und gesund wie der Pollen, wird von Insekten aber genauso geliebt wie zuckerhaltige Limos von Menschenkindern!

Zupft einige Staubbeutel ab und betrachtet sie bei 30-facher Vergrößerung unter dem Binokular. Ihr könnt sehen, dass jeder Staubbeutel in zwei Hälften unterteilt ist. Jede Hälfte beinhaltet zwei Pollensäckchen. Ist der Blütenstaub fertig herangereift, so öffnen sich die Pollensäckchen und der Blütenstaub (Pollen) quillt heraus.

Nicht alle Blüten sehen von innen gleich aus. Das Buschwindröschen hat viel mehr Staubbeutel als die Tulpe, und im Zentrum der Blüte seht ihr auch viele kurze, gebogene Griffel.

Das wird die Frucht!

Im Zentrum der Blüte liegen im Fruchtknoten verborgen die weiblichen Geschlechtsorgane. Wissenschaftlich heißen sie „Gynoeceum", was übersetzt so viel bedeutet wie „Haus des Weibes". Vom Fruchtknoten ragt meist nur der lange, dünne Griffel aus der Blüte heraus. Das Ende des Griffels ist verdickt und fühlt sich klebrig an: Das ist der Stempel. Auf dem Stempel kleben die von den Insekten herbeigetragenen Pollenkörner fest. Nun wandern sie durch den langen, dünnen Griffel hindurch bin ans untere Ende des Fruchtknotens. Dieses Ende ist stark verdickt, denn darin befinden sich die weiblichen Samenanlagen.

Trennt ihr den Fruchtknoten aus der Blüte heraus so könnt ihr sehen, dass er wie eine Flasche geformt ist: Unten im dicken Flaschenbauch liegen in einem Hohlraum die weiblichen Samenanlagen. Ganz oben, am „Flaschenverschluss", ist gut die klebrige Narbe zu sehen. Der lange, dünne Griffel (der „Flaschenhals") dient als Transportweg der Pollen hinunter in den Hohlraum mit den Samenanlagen. Schneidet ihr den Fruchtknoten auf, so könnt ihr unter dem Binokular gut erkennen, dass der Griffel innen hohl ist. Unten im „Flaschenbauch" erkennt ihr die winzigen, kugeligen Samenanlagen.

So funktioniert Befruchtung

Ist der Pollen auf der Narbe gelandet, so wächst er bald in den Fruchtknoten hinunter. Aus den Pollen werden unten im Fruchtknoten Spermien freigesetzt. Diese Spermien verschmelzen mit den Eizellen, die sich in den weiblichen Samenanlagen befinden. Aus der befruchteten Eizelle keimt dann der Samen heran. Aus jedem reifen Samen kann wieder eine komplette Pflanze heranwachsen.

Täuschblume!

Was wir beim Gänseblümchen als eine Blüte betrachten, das ist in Wirklichkeit ein Zusammenschluss von über 100 Miniblütchen. Sie sind so geschickt angeordnet, dass der Eindruck einer einzigen großen Blüte erweckt wird. Es lohnt sich, das Gänseblümchen einmal genauer unter der Lupe anzuschauen!

Unter der Lupe seht ihr, dass jeder der gelben Punkte in der Blütenmitte ein eigenes Miniblütchen ist! Insgesamt stehen im Gänseblümchen-Zentrum zwischen 75 und 125 solcher gelber Blütchen dicht gedrängt beieinander. Und auch jedes der weißen „Blütenblätter" am Rand ist in Wirklichkeit eine eigene Blüte. Zwischen 30 und 55 solcher weißen Blüten reihen sich in zwei Reihen rings um das Gänseblümchen.

Zungen ...

Zupft unter dem Binokular einige der weißen Blütchen ab. Sie heißen „Zungenblüten", weil sie lang gestreckt sind wie eine Zunge. Am unteren Rand dieser Zungenblüten seht ihr den Griffel herausragen: er ist wie eine Schlangenzunge in zwei Teile gespalten. Die weißen Zungenblüten sind weiblich, sie besitzen keine Staubbeutel!

... und Röhren

Die gelben Blütchen in der Mitte tragen fünf Zipfel, am Grund sind ihre Blütenblätter zu einer Röhre verwachsen, weshalb sie auch „Röhrenblüten" heißen. In der Mitte der Röhrenblüten findet ihr sowohl eine Narbe mit Griffel und Stempel als auch Staubbeutel, sie sind also im Gegensatz zu den weißen Zungenblüten zweigeschlechtlich.

Gemächliche Mini-Monster

Von Weitem sehen von Pflanzenläusen befallene Stängel und Blätter zugegeben nicht sehr attraktiv aus. Doch unter der Lupe und erst recht unter dem Binokular eröffnet sich euch hier eine faszinierende Welt voller Mini-Monster!

Das braucht ihr

Stängel, Knospe oder Blatt mit Pflanzenläusen.

Hier findet ihr euer Material

An Wegrändern, in Gärten, auf dem Schulhof – Pflanzenläuse kommen überall da auf Pflanzen vor, wo diese nicht ganz ideal stehen, wo es ihnen beispielsweise zu trocken ist oder zu schattig. Oft kräuseln sich von Läusen befallene Blätter oder rollen sich zusammen.

Sind die überhaupt lebendig?

Da sind ja unzählige, schwarzgraue, flach-ovale Tierchen mit sechs langen, dünnen Beinchen in den verschiedensten Größen und Ausführungen zu sehen. Wie winzige schwarze Käferchen mit und ohne Flügel sitzen sie kreuz und quer dicht gedrängt neben- und übereinander herum und bewegen sich scheinbar gar nicht. Oder krabbelt dort doch eine wie in Zeitlupe umher?

Saugen diese Läuse auch an Menschen?

Keine Sorge – Pflanzenläuse saugen ausschließlich Pflanzensäfte und sind nicht an menschlichem Blut interessiert.

Nicht alle Blattläuse sind schwarz. Sie können auch grün, gelblich, bräunlich oder rot gefärbt sein.

Trotzdem sind die Tierchen überaus lebendig! Sie führen nur ein gemächliches Leben: Wo es ihnen schmeckt, da sitzen sie herum, senken ihren Rüssel ins Pflanzengewebe und saugen Pflanzensäfte. Schaut euch ruhig ausgiebig um in der Blattlaus-Kolonie, denn hier gibt es vieles zu entdecken.

Viel älter als wir Menschen

Blattläuse sind eine uralte Insektengruppe. Seit über 280 Millionen Jahren sind sie auf unserer Erde zu Hause. Zum Vergleich: Wir Menschen bevölkern die Erde erst seit etwa 2 Millionen Jahren.

Die können fliegen

Die größten Tiere der Kolonie sind glänzend schwarz mit langen schwarzen Antennen und Flügeln, die etwa doppelt so lang sind wie der Rest des Körpers. Die Flügel sind ganz durchsichtig und nur von ganz wenigen Adern durchzogen (vergleicht sie mit dem Libellenflügel auf Seite 64). Daran erkennt ihr, dass Blattläuse sehr einfache, urtümliche Insekten sind. Zwar können sie mit ihren Flügeln fliegen, jedoch nur recht langsam und ungeschickt. Ihre beschränkten Flugkünste genügen jedoch, um neue Nahrungsplätze zu finden und neue Kolonien zu gründen.

Mit langem Stechrüssel

Was passiert, wenn man eine Blattlaus mit einem spitzen Bleistift oder einer Nadel anzuheben versucht? Ihr könnt nur das Hinterteil anheben, denn vorne steckt sie fest in der Pflanze! Hebt ihr sie etwas kräftiger an, sodass sie den Rüssel aus dem Gewebe ziehen muss, so könnt ihr gut erkennen, dass der Rüssel noch in einen langen, dünnen Faden übergeht. Er ist es, der so tief im Pflanzengewebe verankert wird, dass die Laus bis an die zuckerhaltigen Leitungsbahnen der Pflanze herankommt. Ist der Blattlausbefall an einer Pflanze zu stark, so kann sie nicht weiterleben, weil die Tiere ihr zu viele der lebensnotwendigen Nährstoffe stehlen. Die so gestörte Laus schreitet mit ihren langen Stelzenbeinen langsam weiter, um einen neuen, ungestörten Platz zu finden. Nun könnt ihr beobachten, wie sie ihren Rüssel flach unter den Bauch klappt. So kann sie beim Gehen nicht darüber stolpern!

Weiße Gespenster

Zwischen den kleinen schwarzen Tierchen liegen wie Gespenster weiße trockene Hüllen herum: Das sind alte Häute der Tiere. Da die Haut der Insekten starr ist wie ein Panzer, müssen sie dann, wenn sie wachsen, aus ihrer alten Haut herausschlüpfen. Dabei wird jedes noch so kleine Detail des Körpers mit gehäutet. So könnt ihr an den leeren Hüllen beispielsweise deutlich die sechs Beine, die Antennen und die Augen erkennen.

Was sind das für Hörner?

Die meisten Tiere der Kolonie sind stumpfgrau und flügellos. Das sind die Jungtiere in der Kolonie. An ihnen fallen sofort zwei nach hinten gerichtete Hörner am Hinterleib auf. Wozu dienen sie? Wenn ihr sehr vorsichtig mit der Bleistiftspitze auf den Hinterleib der Läuse tippt und sie so ein wenig ärgert, so könnt ihr sehen, wozu sie gut sind:

Aus jeder der Röhren, sie heißen „Siphone", tritt sofort ein durchsichtig-orangefarbenes Tröpfchen aus. Dieses Abwehrsekret ist klebrig und soll Angreifern den Mund verschmieren und damit den Appetit auf Läuse verderben!

Warum sich die Biene kämmen muss

Von Frühling bis Herbst kann man Bienen und Hummeln beobachten, die von Blüte zu Blüte fliegen. Was sie dort tun? Sie suchen nach Nahrung, und diese besteht aus zuckrigem Blütennektar, den sie genüsslich aus den Blüten schlecken. Ihre Hauptaufgabe besteht aber drin, Futter für den Nachwuchs herbeizuschaffen, der daheim auf sie wartet. Dazu sammeln Hummeln und Bienen unermüdlich riesige Mengen an Blütenstaub. Doch wie bekommen sie den nach Hause – ohne Einkaufstasche? Schaut selbst!

Das braucht ihr

Wo Blumen blühen, da findet man auch Bienen und Hummeln. Unter dem Binokular kann man am besten tote Hummeln und Bienen beobachten.

Hier findet ihr euer Material

Tote Hummeln findet man im Juni und Juli besonders häufig unter Lindenbäumen oder auch an Straßenrändern. Tote Bienen liegen nicht selten auf Fensterbänken oder auch auf Gehsteigen.

Friedlich, aber wehrhaft

Es macht Hummeln und Bienen nichts aus, wenn man sie aus der Nähe auf Blüten beobachtet. Sie sind friedlich und wollen nur ungestört ihrer Arbeit nachgehen. Nur in Nestnähe sollte man die Tiere besser in Ruhe lassen: Fühlen sie sich oder ihren Nachwuchs bedroht, so können sie stechen.

Hummeln brauchen Energie-Drinks

Blütennektar ist ein guter Energiespender: Er besteht hauptsächlich aus Zucker, enthält aber auch Eiweiß und Vitamine. Die meisten erwachsenen Hummeln und Bienen leben sogar ausschließlich von Blütennektar! Da der süße Saft aber tief unten am Grund der Blüten versteckt liegt, können sie ihn nicht einfach trinken wie ihr euren Saft aus dem Glas. Sie brauchen vielmehr einen Strohhalm – und der ist praktischerweise gleich an ihrem Mund eingebaut. Unter der Lupe könnt ihr erkennen, wie Hummeln und Bienen ihren Saugrüssel tief in die Blüten hineinstecken.

So sieht doch kein Strohhalm aus!

Unter dem Binokular könnt ihr erkennen, dass dieser Saugrüssel keineswegs ein einfacher Strohhalm ist. Er besteht aus vier lang gestreckten Teilen, die so gebogen sind, dass innen eine Rinne liegt. Diese vier Teile werden zum Nektarsaugen fest zusammengepresst sodass innen eine Röhre entsteht. In der Mitte liegt die lange, dünne Zunge (im Bild unten in der Mitte liegend), mit der sie den Nektar aufschlecken. Am Ende der Zunge seht ihr eine kleine, löffelartige Verbreiterung – sie wird auch das „Löffelchen“ genannt.

Tipp

Schält eine Banane, sodass vier Schalenteile herunterhängen. Innen liegt nun die leckere Bananenfrucht. Die vier Bananenschalen entsprechen den vier Mundwerkzeugen, die zu einer Röhre zusammengefügt werden, und die innen liegende Bananenfrucht ist die Zunge.

Hummeln können beißen

Um an den Blütenstaub (Pollen) zu kommen, müssen Hummeln bei manchen Blüten Tricks anwenden, denn einige Blüten sind geizig und geben nur kleine Mengen her. Bei diesen Blüten umklammert die Hummel den Staubbeutel und beißt ihn mit ihren kräftigen Beißzangen auf. Jetzt versetzt sie ihren Körper in Schwingungen. Durch diese Vibration fällt nun der Blütenstaub aus der Beuteln und bleibt am Pelz der Hummel hängen. Könnt ihr die Beißzangen auf dem Foto erkennen? Unter dem Binokular seht ihr sie noch einmal vergrößert.

Die kräftigen Beißzangen sitzen über dem Saugrohr der Hummel. Oft liegen sie fest an den Kopf gepresst. Am besten könnt ihr sie sehen, wenn ihr sie mit zwei Stecknadeln auseinanderbiegt.

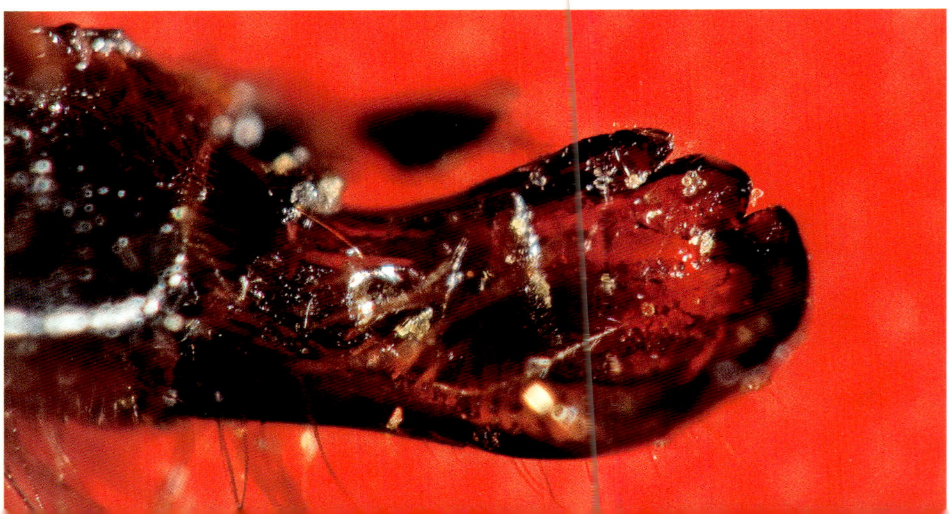

Gelbe Pollenhöschen

Lose im Pelz können die Tiere den Blütenstaub natürlich nicht nach Hause transportieren, er würde ja abfallen. Deshalb streichen Hummeln und Bienen immerzu mit den Beinen über ihren Pelz und sammeln den Blütenstaub an ihren Hinterbeinen. Diese gelben Pollenpäckchen sehen aus wie Pumphosen und werden deshalb auch Pollen-Höschen genannt.
Doch wie bekommen die Tiere den pudergen Blütenstaub dorthin – und warum fällt er nicht einfach ab? Die Lösung findet ihr unter dem Binokular!

Vorderbein mit Putzscharte

Kamm und Schieber am Hinterbein

Mit Kamm und Bürste

An ihren Beinen tragen Bienen und Hummeln alle Werkzeuge, die sie zum Sammeln und Transportieren des Blütenstaubs benötigen. An den Vorderbeinen findet ihr die Putzscharte: damit wird der Blütenstaub von den Fühlern geputzt. Besonders spezialisiert sind die Hinterbeine: Schaut euch zunächst die Innenseite der Hinterbeine an. Sie werden aus gutem Grund auch „Sammelbeine" genannt. Unterhalb des Beinglieds mit dem Pollenpaket liegt ein Beinglied, das auf der Innenseite die sogenannte Bürste trägt: hier befinden sich viele dicht stehende Borsten, mit denen die Tiere den Blütenstaub sogar im Flug aus ihrem Pelz kämmen.

Am oberen Ende der Bürste stehen steife Borsten ab: Das ist der Kamm, mit dem sie ihre volle Bürste reinigen. Und zwar wird mit dem Kamm stets die Bürste des gegenüberliegenden Hinterbeins gesäubert. Direkt unter den Borsten des Kammes liegt eine kleine Vorwölbung: mit diesem Schieber werden die Pollen zum Pollenhöschen hochgeschoben. Dieses Pollenhöschen wollen wir uns natürlich auch näher anschauen.

Hinterbein mit Bürste

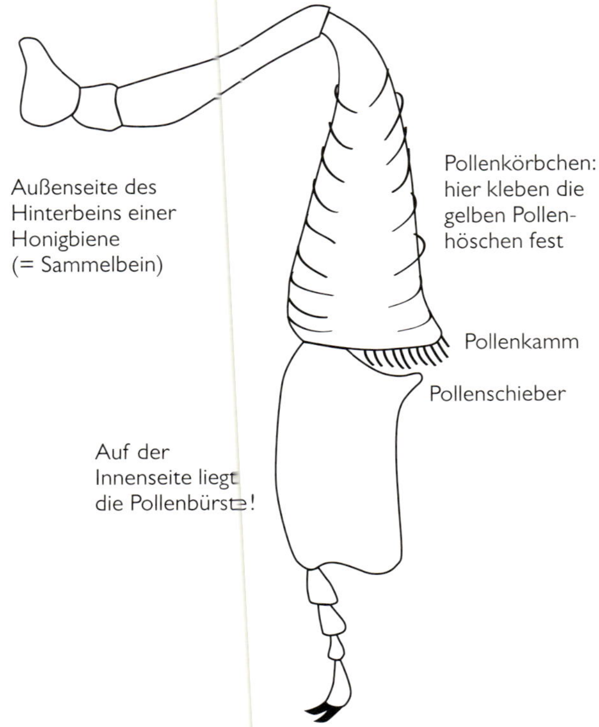

Hinterbein mit Körbchen

Ein perfekter Einkaufskorb

Mit einer Nadel könnt ihr vorsichtig das Pollenpaket abkratzen. Darunter kommt ein verbreitertes Beinglied zum Vorschein, das gewölbt ist wie eine kleine Schale. Gesäumt ist diese Schale von vielen langen Borstenhaaren. Dieses Beinglied ist somit wie ein praktischer Einkaufskorb geformt und wird deshalb auch tatsächlich Körbchen genannt. In dieses Körbchen passen rund 1 Million Blütenstaubkörnchen! Damit alles schön zusammenhält, verschmieren die Tiere ihn mit zuckerhaltigem Blütennektar.

Eingebauter Kanister

Auch zum Transport des flüssigen Blütennektars zu ihrem Nachwuchs haben Bienen und Hummeln einen tollen Trick. Sie speichern ihn in einem extra Honigmagen. Er dient als praktischer Kanister und wird mit einem Muskel fest verschlossen. Mit dem richtigen Magen kommt er nicht in Berührung.

Können Hummeln stechen?

Schaut ihr euch das Hinterteil der Hummel bei 30-facher Vergrößerung unter dem Binokular an, so erkennt ihr dort sehr deutlich ihren kräftigen Stachel. Der Hummelstich ist weniger schmerzhaft als ein Bienenstich, obwohl beide dasselbe Gift spritzen. Doch bei der Biene reißt beim Stich stets ein Teil des Hinterleibes mit ab. Bleibt er in der Wunde stecken, so pumpt er noch eine Zeit lang Gift in die Wunde. So gelangt mehr Gift in die Wunde als beim Stich der Hummel, die ihren Stachel sofort wieder aus der Haut zieht.

Warum spuckt die Fliege? – Wie Insekten essen

Schaut mal Insekten beim Futtern zu: Sie brauchen kein Essbesteck, denn ihres ist am Mund angewachsen – wie praktisch! Je nachdem, wovon die Tiere sich ernähren, sieht ihr Besteck ganz unterschiedlich aus. Schaut selbst!

Das braucht ihr

Möglichst viele verschiedene Insekten.

Hier findet ihr euer Material

Schaut an Wegrändern und auf Wiesen – hier könnt ihr viele verschiedene Insekten entdecken. Mücken und Bremsen kommen dort vor, wo Wasser in der Nähe ist, Mistkäfer findet ihr häufig unter Pferde-Misthaufen und auf Waldwegen. Auf Fensterbänken findet ihr im Sommer außerdem fast immer tote Insekten wie Fliegen und Mücken.

Fliege – spuckt und schlürft

Was ihr vermutlich nicht dürft, ist bei Fliegen ganz normal: Sie spucken kräftig auf ihr Essen. Nicht, weil es ihnen nicht schmeckt, sondern weil sie es sonst nicht aufnehmen können. Mit ihrer Spucke verflüssigen sie feste Nahrung. Denn Fliegen können nur Flüssigkeiten zu sich nehmen! Am liebsten trinken sie zuckerhaltige Säfte.

So transportiert ihr lebende Tiere

Leere Joghurtbecher und Marmeladengläser sind gut zum Transport von Insekten geeignet. Achtet darauf, dass genügend Löcher im Deckel sind, damit die Tiere Luft bekommen, und lasst niemals Tiere in solchen Gefäßen in der Sonne stehen! Bietet ihnen im Gefäß Blätter, Gräser oder Rinde an, damit sie sich auch verstecken und festhalten können. Nach dem Beobachten nicht vergessen, die Tierchen wieder in ihren Lebensraum zurückzubringen und freizusetzen!

Stempel der Fliege

Unter dem Binokular seht ihr, dass der Kopf der Fliege in einen Rüssel übergeht. Er ist am Ende aber nicht spitz wie bei vielen anderen Insekten, sondern mündet in einen runden Tupfer. Weil der Rüssel in seiner Form an einen altertümlichen Stempel erinnert, kennen die meisten ihn einfach unter dem Namen „Stempel". In Ruhehaltung klappt die Fliege ihren Rüssel unter den Kopf. Im Inneren des Rüssels verlaufen zwei Rohre: ein Speichelrohr, durch das Speichel auf die Nahrung abgegeben wird, und ein Nahrungsrohr, mit dem die Fliege die flüssige Nahrung dann aufsaugt. Der Tupfer dient dazu, den Speichel auf der Nahrung zu verschmieren.

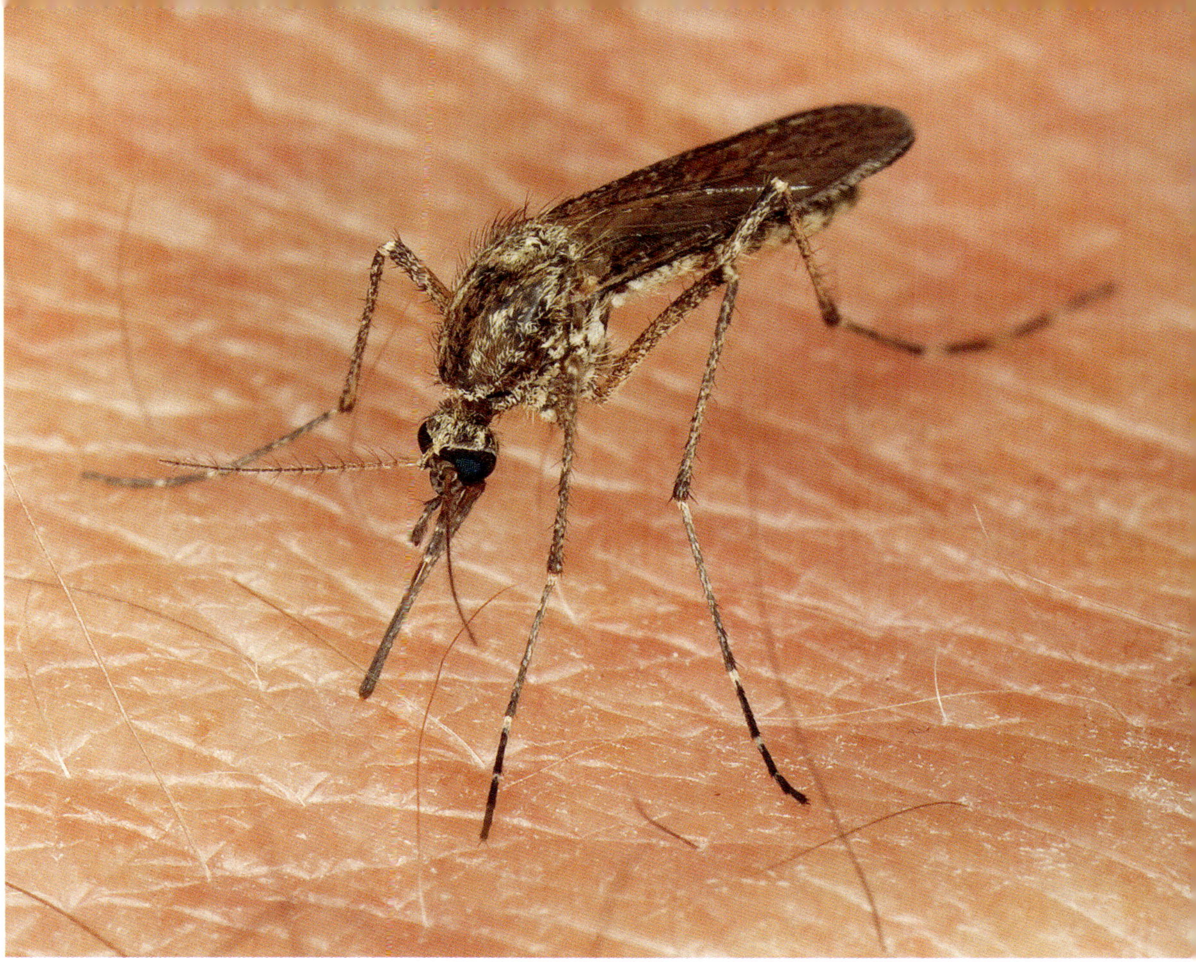

Mücke – piekst und saugt

Nach dem Festsetzen auf der Haut tastet die Mücke noch eine Zeit lang mit ihrem Stechrüssel auf der Haut herum. Mit vielen empfindlichen Sinneszellen auf dem Rüssel sucht sie dabei nach einer geeigneten Einstichstelle. Dann schiebt sie ihren feinen, dünnen Rüssel in die Haut. Damit das Blut beim Saugen nicht gerinnt und ihren feinen Rüssel verstopft, pumpt die Mücke beim Saugen Speichel in die Wunde. Dieser Speichel verursacht das Jucken des Mückenstichs!

Unter dem Binokular könnt ihr sehen, dass der Stechrüssel der Mücke ebenso lang ist wie das ganze Tier.

Nur weibliche Mücken und Bremsen stechen. Sie benötigen energiereiche Blutmahlzeiten, damit in ihrem Körper Eier heranreifen können.

Bremse – sechs scharfe Messerklingen

Bremsen sind wirklich lästige Blutsauger, und ihr Stich tut im Gegensatz zum Mückenstich ganz schön weh. Warum das so ist, seht ihr schon unter der Lupe: ihr Stechrüssel ist deutlich kräftiger als der dünne, lange Mückenrüssel. Unter dem Binokular seht ihr, welch fiese Messer sich darin verbergen!

Zieht man mit zwei Nadeln vorsichtig den Stechrüssel auseinander, so werden die hauchdünnen, messerscharfen Klingen sichtbar, mit denen die Bremse die Haut aufsägt, um ans Blut zu gelangen.

Wanze – kräftiger Dolch

Wanzen werden fälschlicherweise oft für Käfer gehalten. Den Unterschied seht ihr, wenn ihr Wanzen beim Futtern zuseht: Sie tragen einen kräftigen Stechdolch! Die meisten Wanzen stechen damit Pflanzen an, um deren süße Säfte zu stehlen. Manche stechen aber auch Tiere, und die gefürchtete Bettwanze hat es auch auf Menschen abgesehen.

Auf den ersten Blick ist der Dolch der Wanze nicht zu sehen, denn in Ruhehaltung klappt die Wanze ihn unter den Bauch. Er verschwindet da komplett zwischen ihren Beinansätzen. Mit einer Nadel könnt ihr ihn aber vorsichtig nach vorne klappen. Dabei merkt ihr, dass der Dolch der Wanze viel fester und stabiler ist als der Stechrüssel der Mücke.

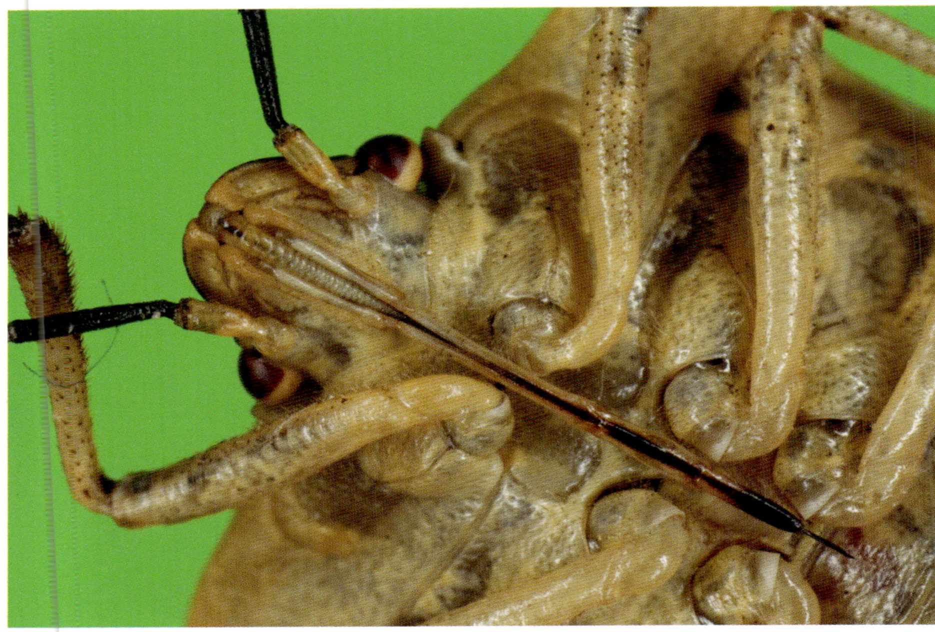

Die Mundwerkzeuge der männlichen Hirschkäfer sind zu einem mächtigen „Geweih“ umgeformt. Es dient ihnen im Kampf gegen andere Hirschkäfer-Männchen. Essen können die Hirschkäfer mit ihrem Geweih allerdings nicht, sie müssen sich deshalb mit dem Lecken von Pflanzensäften begnügen.

Käfer – beißt und kaut

Alle Käfer haben eines gemeinsam: Sie beißen Nahrungsstücke ab und kauen sie gründlich durch. Allerdings passiert das nicht im Mund, denn sie haben ja keine Zähne. Käfer zerkleinern und kauen ihre Nahrung mit ihren praktischen Mundwerkzeugen, die vorn am Kopf liegen. Je nachdem, wovon sich ein Käfer ernährt, sind sie anders ausgeformt. So tragen Räuber sehr spitze und scharfe Zangen, um ihre Beute zu packen und zu zerkleinern, während Pflanzenfresser eher breite Zangen zum Zerkleinern von Blättern besitzen.

Unter dem Binokular könnt ihr die Zangen des Käfers gut sehen.

Ei am Stiel

Die allermeisten Lebewesen auf der Erde schlüpfen aus Eiern: Nicht nur Vögel legen Eier, sondern auch (fast) alle Insekten, Frösche, Schlangen, Eidechsen, Spinnen, Schnecken und Fische. Tatsächlich schlüpfen von Frühjahr bis Herbst überall um uns herum millionenfach kleine Lebewesen aus ihren Eiern!

Wenn ihr genau schaut, dann werdet ihr viele davon entdecken können. Dabei gleicht kein Ei dem anderen: Da gibt es Eier am Stiel, Ei-Türme, kunstvolle Ei-Spiralen, bunte Ei-Ketten und noch viele, viele mehr. Schaut einfach unter Blättern, an Halmen und Stängeln, und ihr werdet staunen, was es da mit der Lupe alles zu entdecken gibt! Und eins ist sicher: Die meisten Eier werdet ihr übersehen – sie sind nicht nur winzig klein, sondern oft auch noch perfekt getarnt!

An seidenen Stielen

Jedes Florfliegen-Ei hat seinen eigenen Stiel: Mit dem Stiel sind die Eier gut vor kleinen Räubern geschützt, die auf Blattunterseiten nach Fressbarem suchen. Die Eier am Ende des Stiels finden die meisten nicht! Ein Florfliegen-Ei ist nicht größer als 1 mm, der Stiel ist hingegen 5 mm lang.

Florfliegen sind 2–3 cm groß und legen viele Hundert Eier an die Unterseite von Blättern. Zuerst tragen sie einen Tropfen zähen Klebstoff auf. Diesen ziehen sie mit ihrem gekrümmten Hinterleib lang wie Kaugummi. Obenauf setzen sie jeweils ein einziges Ei. So befestigen die fleißigen Tierchen ganze Büschel von Eiern am Stiel.

Nach 2 Wochen platzen die Eier auf und die Larven der Florfliegen schlüpfen.

Ei am Stiel

Das braucht ihr

Möglichst viele verschiedene Eigelege.

Hier findet ihr euer Material

Auf der Blattunterseite von Bäumen, Büschen, Blumen und Wasserpflanzen, an Gewässerufern, an Halmen und Stängeln von Gräsern und Kräutern, unter Baumrinde, in Hausecken, in der Erde, auf dem Wasser und an der Unterseite von Schwimmblättern.

Ei-Türme

Dieser Schmetterling heißt „Landkärtchen“, weil die Unterseite seiner Flügel an das Muster einer Landkarte erinnert. Zur Eiablage sucht sich das Weibchen am liebsten Brennnesseln in halbschattiger Lage aus. Schaut besonders die Unterseite der oberen Brennnessel-Blätter an – diese sind ihr bevorzugter Ablageplatz! Hier baut sie ihre einzigartigen, grünen Ei-Türme.

Jeder Ei-Turm besteht aus mehreren, übereinandergeklebten grünen Eiern. Jedes Ei trägt 12 Längsfurchen. Um sich nicht gegenseitig zu stören, schlüpfen die Raupen nach 10 Tagen seitlich aus den Eiern! Sie bleiben auch nach dem Schlupf zusammen und futtern immer die mittleren Blätter der Brennnessel-Pflanze ab – nie die oberen.

Grün-weiß gestreift

Schmetterlinge legen ihre Eier nicht einfach irgendwo ab! Natürlich suchen sie eine Pflanze aus, die ihr Nachwuchs besonders gerne futtert. Deshalb legt das Tagpfauenauge seine Eier immer auf Brennnesseln ab. Aber nicht auf irgendwelchen! Schön sonnig und windgeschützt müssen sie stehen, damit sich die Raupen wohlfühlen. Und bevor die Eier abgelegt werden, prüft das Weibchen, ob sich etwa schon Eier von anderen Tieren auf der Brennnessel befinden. Wenn ja, fliegt es weiter zur nächsten passenden Pflanze.

Eine ganze Batterie aus rund 100 Eiern klebt das Tagpfauenauge an die Unterseite von Brennnessel-Blättern. Die Eier sind grün mit 8 weißen Längsstreifen, jedes Ei ist 1 mm groß.

Rot-weiße Perlen

Wie eine rot-weiße Perlenkette hat hier ein Schmetterling aus der Familie der Spanner seine Eier auf ein Blatt geklebt.

Ei-Spiegel

Die Hausmutter ist einer unserer häufigsten Schmetterlinge. Die meisten kennen ihn, weil er sich in der Dunkelheit, vom Licht angezogen, in unsere Häuser verirrt. Es handelt sich bei diesen Tieren nicht um Kleidermotten, also bitte wieder freisetzen!

Von August bis Oktober könnt ihr die großen, gleichmäßigen Eigelege („Ei-Spiegel“) der Hausmutter ganz häufig an Wegesrändern finden.
Achtet besonders auf Blätter und dürre Grashalme, die etwas aus der übrigen Vegetation herausragen.
Ein Hausmutter-Eigelege besteht aus mehreren Hundert Eiern, wobei ein einziges Weibchen bis zu 4000 Eier legt!

Knallgelb und klebrig

Marienkäfer legen im Frühling gleich mehrere Hundert Eier ab. Manch ein Käferweibchen bringt es gar auf 800 Eier! Seine Eier sind leuchtend gelb oder orange und werden zu je 10 bis 60 Stück auf Blätter aufgeklebt. Am liebsten legen Marienkäfer ihre Eier auf Pflanzen, die von Blattläusen befallen sind, denn Blattläuse sind die Hauptnahrung der Marienkäferlarven!

Nach etwa einer Woche schlüpfen aus den Eiern die kleinen, schwarzgrauen Marienkäferlarven. Sie haben noch nicht viel Ähnlichkeit mit ihren Eltern!

Mit Säbel

Das 3–4 cm große Weibchen des Großen Heupferds trägt einen furchterregenden Säbel mit sich herum. Doch keine Angst: Stechen kann es damit nicht! Der „Säbel" ist nur dazu da, die Eier in lockerem Erdboden abzulegen.

Das Große Heupferd legt seine 5 mm großen, länglichen Eier in kleinen Grüppchen in lockere Erde. Sie sind außen von einer festen braunen Schale umgeben. Sie ist so robust, dass die Embryos darin sogar mehrere Jahre überdauern können. Nur unter günstigen Bedingungen schlüpfen sie im Frühjahr aus.

Gut bewacht

Die Eier von Spinnen sind nicht so leicht zu finden, denn viele Spinnenmütter – wie diese Listspinne hier – spinnen eine Hülle aus Seidenfäden um ihre Eier und tragen diesen Kokon immer mit sich in den Kieferzangen herum! Auch nach dem Schlupf passen die Mütter gut auf ihre Kleinen auf und lassen sie sogar Huckepack reiten.

Verklebte Eipakete

Die Zitterspinne lebt bei uns nur in Häusern. In den Ecken unserer Zimmer spinnt sie haarfeine Netze und fängt darin Fliegen und Mücken. Ihre Eier klebt die Mutter zu einem Paket zusammen und schleppt sie überall mit sich herum.

Diese Jungspinnen stehen kurz vor dem Schlupf. Ihr erkennt in den Eihüllen schon die zusammengerollten Beine der Jungspinnen.

Diese Jungspinnen sind gerade erst einen Tag alt und sehen schon aus wie richtige Spinnen – allerdings noch im Miniformat.

Versteckt in Höhlen

Beim Graben oder Hacken in Blumenbeeten oder im Kompost könnt ihr oft solche nur 2–3 mm kleinen, weißen und runden Eier entdecken. Hier hat eine Wegschnecke ihre Eier abgelegt. Auf den Eiern seht ihr schon die ersten frisch geschlüpften Mini-Schneckchen herumkriechen.

Zur Eiablage buddeln sich Schnecken eine kleine Vertiefung in lockerem Boden. Hier hinein legen sie ihre Eier. Gern nehmen sie auch hohl aufliegende Steine, Rindenstücke oder Äste als Verstecke für ihre Gelege.

Schon fertig entwickelt

Unter dem Binokular erkennt ihr, dass in den Eihüllen dieser Wasserschnecke schon winzige, fertig entwickelte Baby-Schnecken mit richtigen Gehäusen stecken.

Beim Schlupf dabei

Es ist faszinierend zu beobachten, wie Tiere aus ihren Eiern schlüpfen. Bei Schnecken geht das ganz einfach. Legt die gefundenen Schneckeneier von Landschnecken in ein Gefäß mit Erde und Laub und sorgt dafür, dass der Boden nicht ganz austrocknet, aber auch nicht zu nass wird (sonst schimmeln die Eier). Am besten sprüht ihr mit einem Wäschesprüher alle zwei Tage etwas Wasser ins Glas.
Wasserschnecken-Eier legt ihr einfach mitsamt dem Blatt, auf dem sie kleben, in ein Gefäß mit Teichwasser und Wasserpflanzen. Bitte die Tiere nach dem Schlupf wieder freilassen!

Durchsichtige Schnüre ...

Im März und April wandern Erdkröten an Teiche und Tümpel, um ihre Eier abzulegen. Das kleinere Männchen reitet dabei oft Huckepack auf dem kräftigen Weibchen. Das Weibchen legt in wenigen Tagen 1000–3000 Eier ab.

Die 3–4 mm großen schwarzen Eier sind in durchsichtige Schnüre („Laichschnüre") aus Glibber verpackt und werden kunstvoll um Halme und Äste im Wasser geschlungen. Die Schnüre sind einen halben Zentimeter dick und können Längen von mehreren Metern erreichen. Nach einer Woche schlüpfen daraus die kleinen Kaulquappen.

... und Laichklumpen im Teich

Grasfrösche legen ihre Eier in großen Klumpen ins Wasser. Jedes Ei ist von einer durchsichtigen Gallerthülle umgeben, die im Wasser noch aufquillt. So treiben die Laichklumpen der Frösche bald oben auf dem Wasser und bilden hier mancherorts richtig dichte Teppiche. Entsprechend schlüpfen in manchen Teichen an sonnigen Tagen im April Hunderttausende Kaulquappen gleichzeitig! Zur Froschplage kommt es dennoch nicht, da die meisten zur Beute von Fischen, Wasserinsekten und Vögeln werden.

Kunstvolle Spiralen

Ein Blick auf die Unterseite von Schwimmblättern im Wasser lohnt immer! Neben Schneckengelegen findet ihr hier auch häufig die gleichmäßigen Spiral-Gelege von Köcherfliegen. Sie fühlen sich gallertig an und bestehen aus etwa 400 gleichmäßig angeordneten Eiern. Nach zwei Wochen schlüpfen daraus die Larven.

Hunderttausend Augen am Teich

Libellen sind faszinierende Hochgeschwindigkeitsjäger, die ihre Beute in rasanten Verfolgungsmanövern aus der Luft greifen. Dementsprechend ist ihr Körper gebaut: ausgeklügelte Flügel, riesige Monsteraugen, die bis zu 90 % des Kopfes ausmachen, und kräftige Mundwerkzeuge, die ihre Beute noch im Flug in mundgerechte Stückchen zerteilen.

Hunderttausend Augen

Hier findet ihr euer Material

Libellen fliegen praktisch an jedem Gewässer, und viele bevorzugen stets dieselben Sitzwarten. Das können besonders hohe, dürre Halme sein oder auch umgeknickte Stängel am Ufer. Libellen sind in der Regel nicht sehr scheu, und ihr braucht keine Angst vor ihnen zu haben: Die Tiere können nicht stechen, sie haben nicht einmal einen Stachel. Tote Libellen zum Beobachten unter dem Binokular findet ihr am ehesten am Gewässerufer.

Das braucht ihr

Mit etwas Geduld lassen sich Libellen durchaus auch mit der Lupe von Nahem beobachten. Für Beobachtungen unter dem Binokular eignen sich am besten Totfunde.

Bei den Flußjungfern ist der Abstand zwischen den Augen groß, bei anderen Großlibellen treffen sich die Augen oben in der Kopfmitte.

60 000 Augen

Durch die Lupe könnt ihr sehen, dass das Libellenauge nicht einfach „ein Auge" ist: Es ist eine Halbkugel mit einer ganz grobkörnig wirkenden Oberfläche. Jedes dieser „Körner" ist ein einzelnes Auge – das heißt, dass das Libellenauge aus unzählig vielen einzelnen kleinen Augen zusammengesetzt ist. So besteht das Auge einer Kleinlibelle aus ca. 7000 Einzelaugen, das einer Großlibelle sogar aus über 30 000 Einzelaugen!

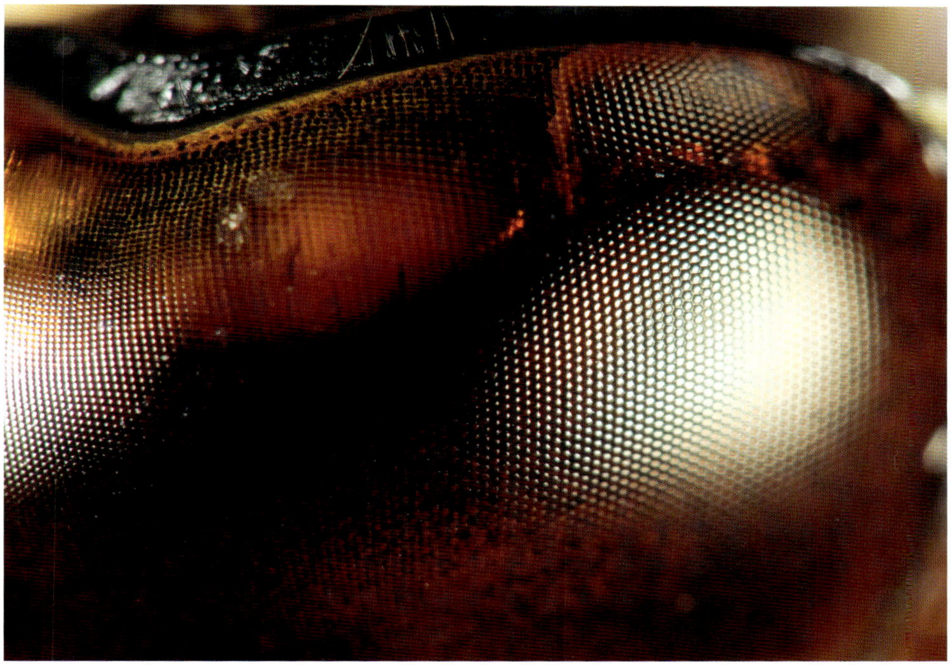

Könnten Libellen Kino gucken?

Das Libellenauge liefert dem Tier rund 300 Einzelbilder pro Sekunde. Zum Vergleich: das menschliche Auge schafft gerade mal 50 Bilder pro Sekunde. Libellen sind damit in der Lage, Bewegungen sechs Mal schneller zu erfassen als wir. Würde eine Libelle sich einen Kinofilm mit uns ansehen, so wäre sie in der Lage, jedes Bild des Filmes ganz bequem als einzelnes Foto zu sehen!

Unter dem Binokular erkennt ihr bei 30-facher Vergrößerung, dass jedes Einzelauge ganz genau gleich gebaut ist: jedes hat eine symmetrische, sechseckige Oberfläche und erinnert an einen geschliffenen Edelstein. Vom Facettenschliff der Edelstein-Schleiferei stammt auch der Begriff „Facettenauge" der Insekten! Aufgrund ihrer Anordnung als Halbkugel blickt jedes Einzelauge tatsächlich in eine andere Richtung. Das heißt, jedes Auge sieht einen etwas anderen Bildausschnitt. Diese zigtausend Bildausschnitte werden vom Gehirn der Libelle in unglaublicher Geschwindigkeit zu einem einzigen Mosaikbild zusammengesetzt. Je mehr Einzelaugen ein Facettenauge hat, desto genauer und feiner ist auch das entstehende Mosaikbild.

Hauchdünn und superstabil:
Der Flügel einer Großlibelle
wiegt kaum 0,01 Gramm.

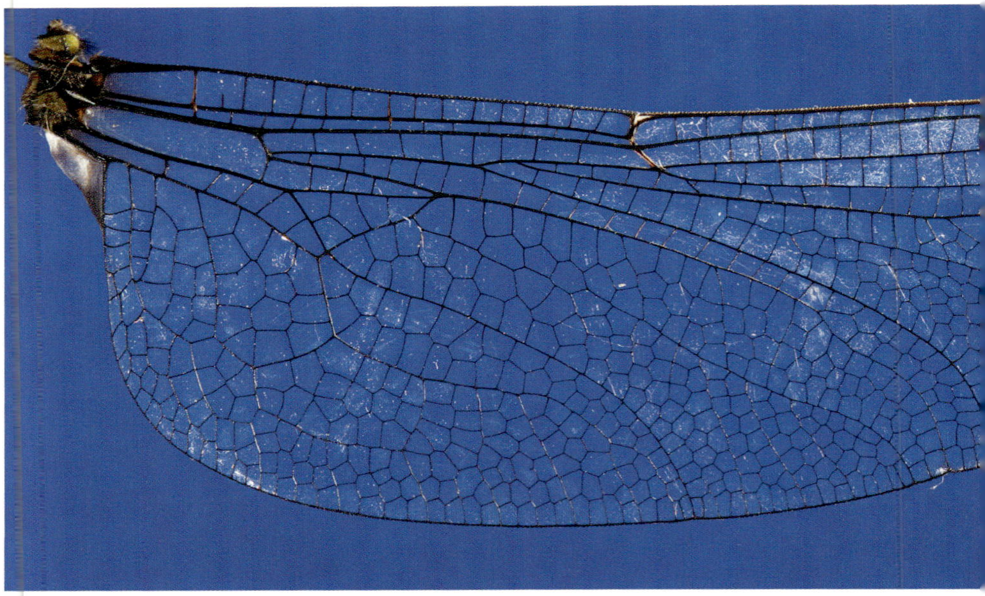

Ultraleichte Tragflächen

Unter dem Binokular könnt ihr sehen, dass der Libellenflügel von einem dichten Adernetz aus Längs- und Queradern durchzogen ist. Am Vorderrand der Flügel könnt ihr besonders dicke Längsadern erkennen: durch sie wird ständig Blut gepumpt. Diese Adern dienen der Stabilisierung der Flügel im Flug. Durch die größten Längsadern ziehen sich zusätzlich Nervenbahnen. Flügel sind also beileibe keine toten Gebilde! Zwischen den Adern ist die transparente, hauchdünne Flughaut aufgespannt. Unter dem Binokular ist sehr deutlich zu sehen, dass sie nicht einfach eben aufgespannt ist, sondern zickzackförmig. Diese Art der Aufspannung verleiht dem Flügel zusätzliche Stabilität. Auch das farbige Flügelmal am Außenrand der Flügel dient der zusätzlichen Stabilisierung der Libellenflügel im Flug.

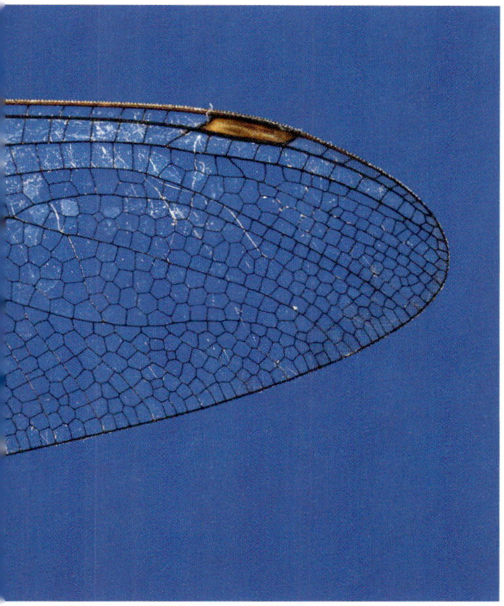

Die können beißen!

Habt ihr eine tote Libelle unter dem Binokular liegen, so schaut euch unbedingt ihre Mundwerkzeuge genauer an. Dazu müsst ihr sie mit einer Nadel vorsichtig anheben. Ihr könnt sehen, was für kräftige Zangen da zum Vorschein kommen! Mit ihnen greifen Libellen ihre Beute im Flug und zerkleinern sie mithilfe der scharfen Sägezähnchen. Unter den Zangen könnt ihr die weichhäutige Unterlippe sehen. Sie ist breit und geformt wie ein tiefer Teller – sie dient tatsächlich als Unterlage, damit nichts von der wertvollen Nahrung verloren geht! Libellen können mit ihren Mundwerkzeugen übrigens auch Menschen in den Finger zwicken, es tut aber nicht sehr weh.

Mit Fangmaske und Dolch

Ausgewachsene Libellen leben nur einige Wochen. Den Großteil ihres Lebens (je nach Art ein bis mehrere Jahre) verbringen sie als wasserlebende Larven. Dann krabbeln sie an einem Stängel empor und häuten sich zur fertigen Libelle. Von der Larve bleibt nur die Larvenhaut zurück. Diese Larvenhäute sind faszinierende Beobachtungsobjekte!

So sieht ein Libellenkind aus: Es hat noch keine Flügel und kriecht am Bodengrund von Gewässern umher.

Das braucht ihr

Eine lebende Libellenlarve zum Betrachten in der Becherlupe. Möglichst mehrere Larvenhäute zum Betrachten unter dem Binokular.

Hier findet ihr euer Material

Keschert ihr in einem Bach oder Teich, so werden mit Sicherheit auch Libellenlarven in eurem Fang mit dabei sein. Da die Tiere unter Naturschutz stehen, ist es nicht erlaubt, sie mit nach Hause zu nehmen. Ihr dürft sie aber in eine mit etwas Wasser befüllte Becherlupe setzen und genau anschauen! Lasst sie danach bitte wieder frei. Zum genaueren Betrachten sind ihre Larvenhäute ohnehin viel besser geeignet. Ihr findet sie den ganzen Sommer über an üppig bewachsenen Teichen in der Ufervegetation an Halmen hängend.

Sind die echt?

Wenn ihr genau an den Halmen am Ufer von Teichen schaut, dann findet ihr bestimmt solche Larvenhäute von Libellen. Sie sehen der Larve so täuschend ähnlich, dass man sie für das echte Tier halten könnte. Es sind aber tatsächlich nur ihre übrig gebliebenen Hüllen. Je nach Art sind sie ein bis mehrere Zentimeter lang. Tragt sie sehr vorsichtig nach Hause, denn sie sind sehr zerbrechlich.

Schaut durch die Lupe

Unter der Lupe könnt ihr erkennen, dass wirklich jede noch so winzige Kleinigkeit der Larve auf der Hülle zu erkennen ist. Jedes Bein, die Augen und auch alles andere ist ganz genau gehäutet worden! Ihr könnt sehen, dass der Körper der Larve aus einzelnen, überlappenden Panzerplatten besteht. Oben auf dem Rücken ist immer ein Spalt in der Larvenhülle: Aus diesem Rückenspalt hat sich die erwachsene Libelle hinausgezwängt. Dahinter erkennt ihr zwei Flügelstummel; darin lagen, fein gefaltet und fest zusammengepresst, die Flügel der Libelle. Gleich nach dem Schlupf pumpt sie Blut in das Adernetz ihrer Flügel (siehe Seite 64) – so werden sie rasch entfaltet.

Die Fangmaske – einzigartig in der Tierwelt

Mit einer Stecknadel könnt ihr den „Schnabel“ direkt unterhalb der Augen ganz einfach nach unten wegklappen. Dieser Schnabel ist eine raffinierte Fangmaske, hinter der sich die säbelzahnartige Waffe der Larve befinden. Schaut mal, ob ihr beim Aufklappen das Klappscharnier entdeckt (es befindet sich in der Mitte der Fangmaske).

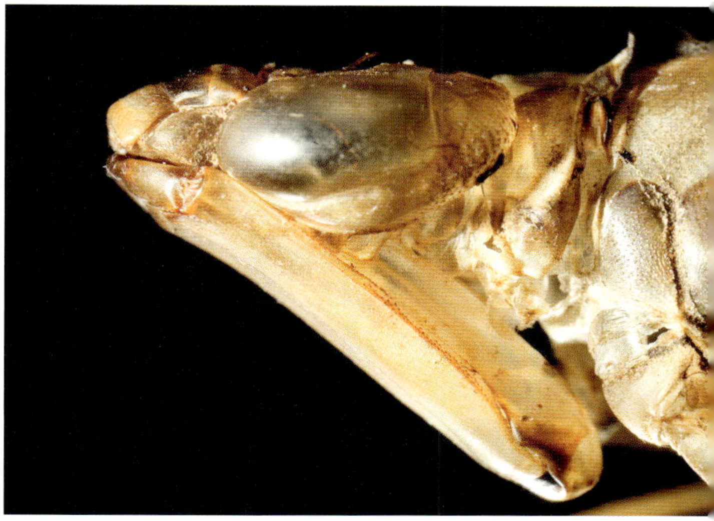

Wenn ihr euch den Kopf von der Seite anschaut, so seht ihr, dass er zu einem merkwürdigen breiten Schnabel ausgezogen ist. Bei näherer Betrachtung entpuppt sich dieser so harmlos wirkende Schnabel als äußerst gefährliche Waffe!

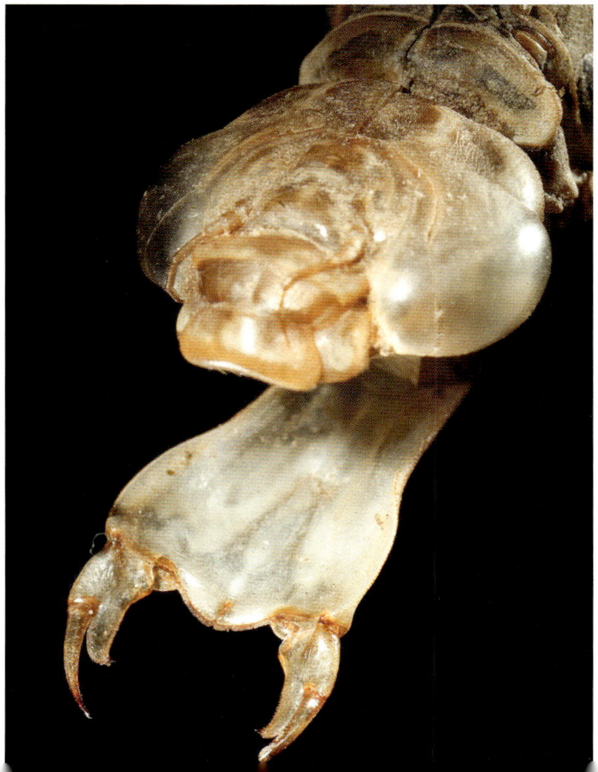

So funktioniert die Fangmaske

Legt einmal eure Oberarme dicht an eure Brust gepresst und klappt eure Unterarme zum Mund, sodass eure Hände euren Mund berühren. So hält die Libellenlarve ihre Fangmaske in Ruhestellung. Euer Ellenbogen ist das Scharnier der Fangmaske. Nun klappt eure Unterarme nach vorn: eure Hände sind die Greifzangen der Larve. Damit packt sie das Beutetier, klappt die Maske zum Mund und kann hier ihre Beute mit ihren messerscharfen Mundwerkzeugen zerlegen.

Am unteren Ende der Fangmaske liegen zwei spitze, hakenförmig gekrümmte Dolche. Damit packt die Larve ihre Beute und hält sie fest. Libellenlarven greifen nach allem, was sich unvorsichtigerweise in ihre Nähe wagt und nicht größer ist als sie selbst, sogar Kaulquappen und kleine Fische stehen auf ihrem Speisezettel. Ein Blick in den Mund der Larve verrät euch, womit sie ihre Beute erlegt!

Wenn ihr nun die Mundöffnung anschaut, so seht ihr die unmittelbar davorliegenden kurzen Ärmchen mit zahlreichen spitzen braunen Hakenzähnen. Sie halten die Beute vor der Mundöffnung fest. Im Inneren der Mundöffnung liegen zwei weitere, noch kräftigere und ebenfalls hakenbewehrte Kauladen mit etlichen Spitzen und Borsten. Hier gibt es für Beutetiere kein Entrinnen!

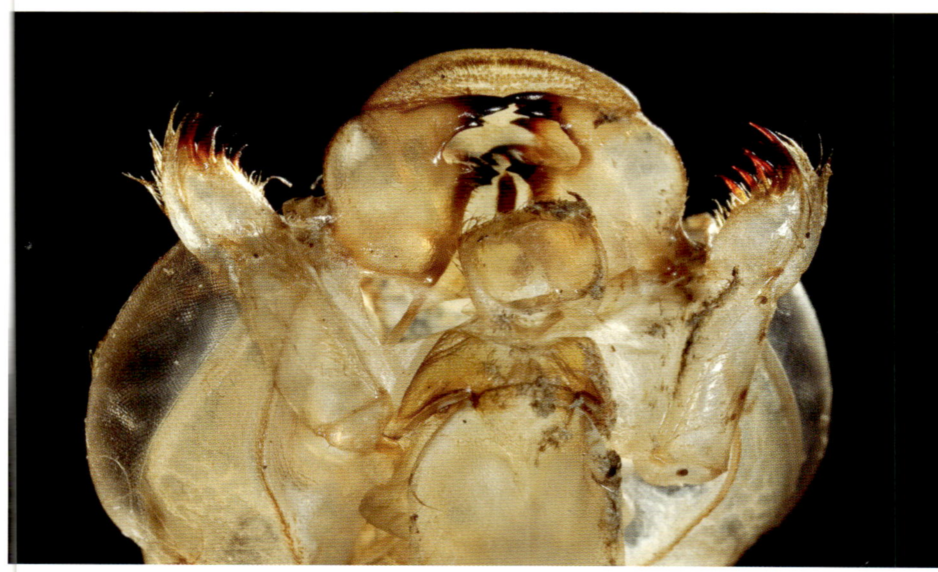

Großlibelle – Kleinlibelle

Es gibt zwei Großgruppen von Libellen, die ihr auch anhand der Larven bzw. ihrer Larvenhüllen leicht voneinander unterscheiden könnt. Bei den Großlibellen stehen die Augen oben am Kopf dicht zusammen, bei den Kleinlibellen besteht immer ein weiter Abstand zwischen den Augen. Die Larven der Kleinlibellen tragen außerdem am Hinterleib blattartige Anhängsel.

Wenn ihr die Larvenhülle einer Kleinlibelle gefunden habt, so lohnt sich ein Blick auf ihren Hinterleib: Hier befinden sich mehrere dünnhäutige, blattförmige Anhängsel. Sie sind von einem feinen Adernetz durchzogen und unterstützen damit die Sauerstoffaufnahme aus dem Wasser in die Blutflüssigkeit. Außerdem dienen sie der Larve als praktische Schwimmpaddel.

Leben im Wassertropfen

Ob in Pfützen, Regentonnen, Bächen, Tümpeln oder Seen – wo Wasser ist, da ist auch Leben, und es gibt hier immer spannende Mini-Lebewesen zu entdecken! Selbst das Planschbecken im Garten wird schon nach wenigen Tagen von Tieren angenommen, und manche Traktorfahrspur im Wald wird nach regnerischen Tagen zur Kinderstube im Mikrokosmos.

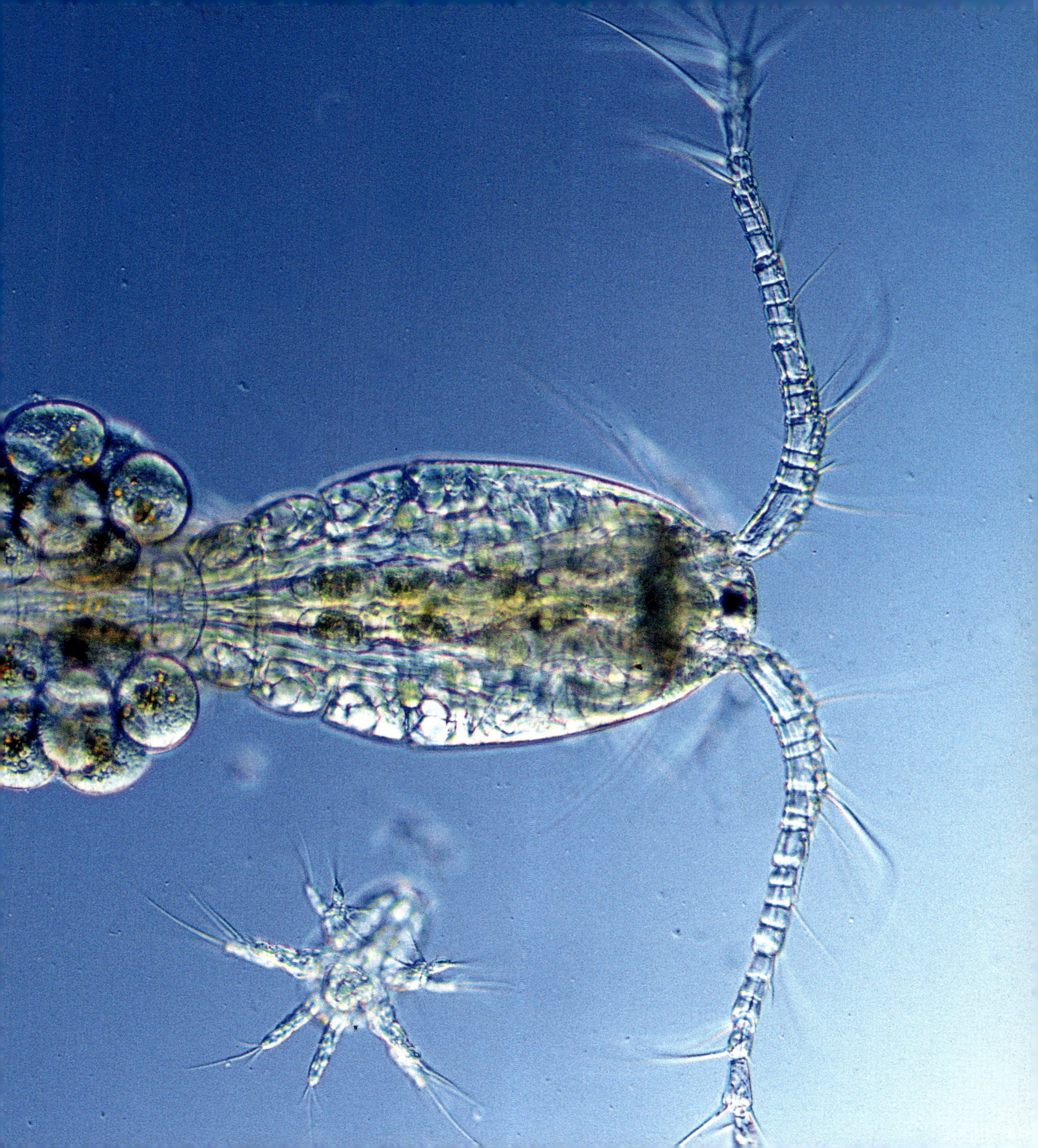

Das braucht ihr

Gummistiefel, Küchensieb oder einen möglichst feinen Kescher, Behältnisse wie leere Eispackungen, Joghurtbecher und Eimer, Lupe und Becherlupe.

Hier findet ihr euer Material

In Bächen, Gräben, Pfützen, Tümpeln oder Seen – überall da, wo es Wasser gibt.

Wo sind die Tiere?

Die meisten Wassertiere findet ihr im flachen, warmen Wasser in Ufernähe. Hier verstecken sie sich zwischen Wasserpflanzen, Falllaub und Ästen. Hebt vorsichtig im Wasser liegendes Holz und Steine an – darunter finden sich eigentlich immer Tiere. Manche Tiere wie Mückenlarven hängen frei an der Wasseroberfläche, und kleine Krebschen wie Wasserflöhe schweben frei im Wasser. Aufgepasst: Viele Wassertiere halten sich auch an Ästen, Wasserpflanzen oder Steinen fest!

Der Polyp besteht aus einer Fußscheibe, mit der er sich am Boden anklebt, einem stielförmigen Körper, der hauptsächlich vom Magen ausgefüllt wird, und aus den Tentakeln, zwischen denen die Mundöffnung liegt.

Süßwasserpolypen

Sie sehen aus wie festgewachsene Mini-Bäumchen unter Wasser, und doch handelt es sich bei den Polypen um Tiere, und zwar um sehr wehrhafte Räuber!
In ihren Tentakeln befinden sich ganze Batterien mikroskopisch kleiner, explosiver Nesselkapseln, die funktionieren wie Harpunen. Berührt ein vorbeischwimmendes Tier zufällig die Tentakeln, so feuert der Polyp seine Harpunen ab, das messerscharfe Ende bohrt sich ins Opfer und spritzt ein lähmendes Gift hinein. Die Tentakeln befördern die Beute in den Mundraum, der versteckt am Grund der Tentakel liegt. Polypen sind sehr dehnbar und können auch Beute verschlingen, die deutlich größer und dicker ist als sie selbst. Für Menschen sind die winzigen Polypen aber absolut ungefährlich!

Moostierchen

Moostierchen könnt ihr nur unter Wasser beobachten! An Land ziehen sie sich zusammen und sehen aus wie krustige Überzüge auf Steinen, verzweigte Ranken an Wasserpflanzen oder gallertige Klumpen auf Holz. Legt ihr sie aber in eine Schale mit Wasser, so entfalten sie schnell ihre ganze Schönheit und strecken ihren filigranen Kranz aus bis zu 80 haarfeinen Tentakeln hervor. Moostierchen leben immer in dichten Kolonien beieinander, jedes Einzeltier ist nur etwa 1 mm groß und lebt festgewachsen in seiner Wohnröhre. Mit ihren Tentakeln fangen sich die Tierchen winzige Nahrungsteilchen aus dem Wasser. Berührt ihr die Tentakel mit einer Nadel, so könnt ihr beobachten, wie sich die Tiere blitzschnell in ihre Wohnröhre zurückziehen!

Moostierchen sind keine Pflanzen, sondern Tiere!

Viel älter als wir Menschen

Moostierchen leben schon viel länger auf unserer Erde als wir Menschen. Die ältesten versteinerten Moostierchen lebten vor rund 500 Millionen Jahren! (Die ersten Urmenschen gab es erst vor 2 Millionen Jahren.) Die meisten Moostierchen sind im Meerwasser zu Hause, nur die wenigsten leben auch in Süßgewässern.

Strudelwürmer sind meist 0,5–2 cm lang. Nehmt ihr sie aus dem Wasser, so ziehen sie sich flink zu einem glibberigen Kügelchen zusammen. Erst im Wasser strecken sie sich wieder aus.

Urzeitkrebse züchten

Viele urtümliche Krebse besitzen die Fähigkeit, Eier auszubilden, die auch lange Frostperioden oder Trockenzeiten unbeschadet überstehen. Solche getrockneten Krebseier im Wasser zum Leben zu erwecken und die geschlüpften Tiere beim Wachsen zu beobachten, ist ein lohnendes und spannendes Experiment! Es gibt hierfür extra Experimentierkästen für Kinder oder auch Anleitungen mit der Möglichkeit, Eier im Internet zu bestellen. Einfach mal unter dem Stichwort „Urzeitkrebse züchten" nachschauen!

Strudelwurm

Im Wasser findet ihr häufig ganz flache Würmer, manche darunter sind komplett durchsichtig, sodass ihr von außen bis in ihren Bauch hineinschauen könnt! Vorn am Kopf tragen diese Strudelwürmer zwei kleine dunkle Augen. Die Körperoberfläche dieser Würmer ist dicht mit feinen Wimpern besetzt: damit können sie entweder schwimmen oder sich frisches Wasser herbeifächeln. An der Bauchseite seht ihr ein weit vorstülpbares Maul: damit saugen die Tiere kleine Wasserinsekten, andere Würmer und winzige Krebse aus.

Der lang gezogene Schlauch in der Körpermitte ist der Darm – hier könnt ihr oft noch erkennen, was der Strudelwurm als Letztes verspeist hat. Die roten Kugeln im Inneren des Wurms sind Eier. Sie werden erst frei, wenn das Muttertier im Herbst stirbt.

Die nur wenige Millimeter kleinen Wasserflöhe schwimmen wie winzige Pünktchen oft massenhaft in warmen Tümpeln.

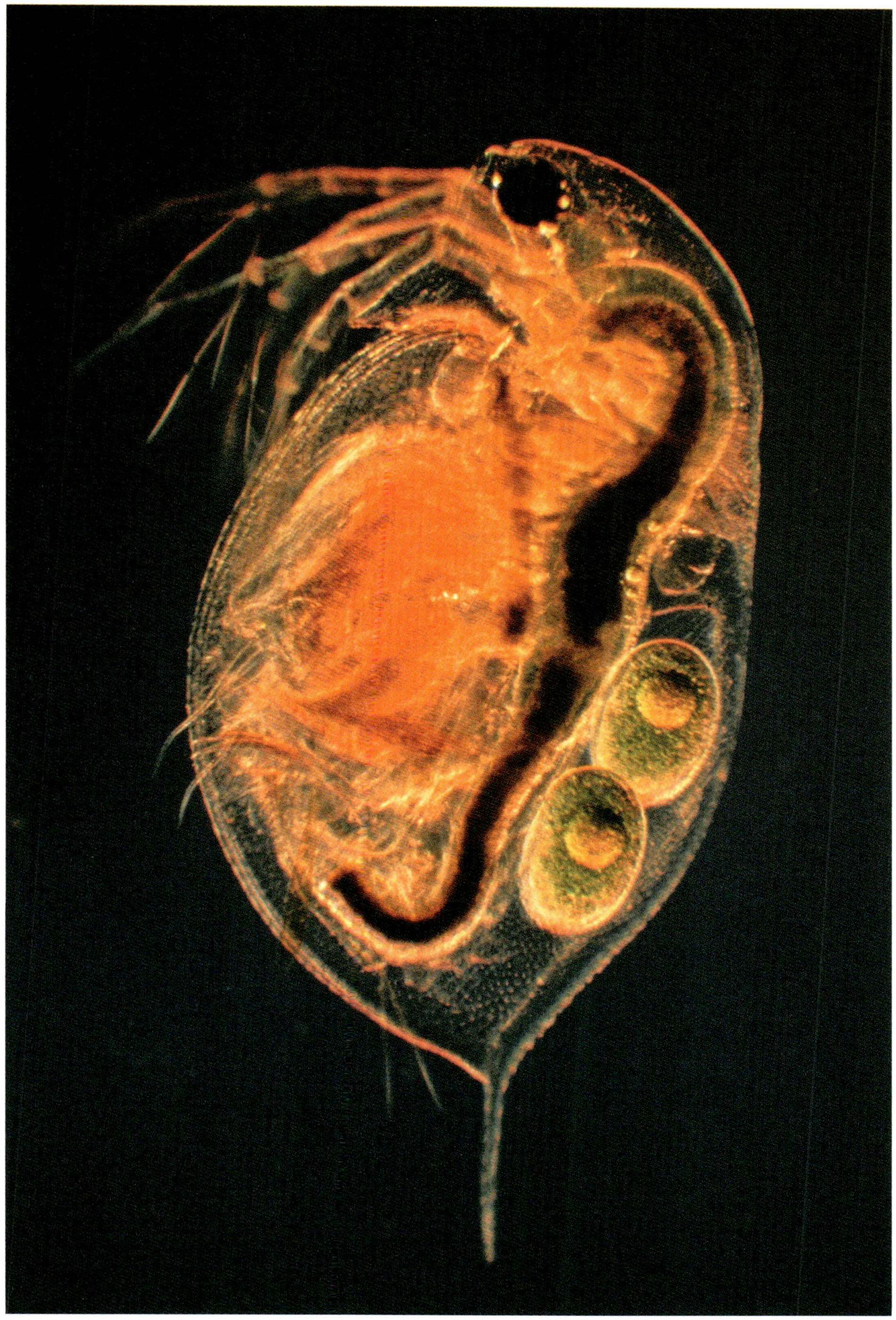

Wasserfloh

Wenn ihr im Sommer ein feines Küchensieb durch das Wasser am Ufer eines Tümpels zieht, dann schwimmen darin garantiert Wasserflöhe! Unter dem Binokular könnt ihr viele faszinierende Einzelheiten an diesen Mini-Krebschen entdecken. Als Erstes fällt ihr großes schwarzes Auge auf – es ist tatsächlich nur eines, und es sitzt in der Mitte des Kopfes. Ebenfalls am Kopf sind zwei lange borstige Antennen befestigt. Damit rudern die Krebschen im Wasser und bewegen sich hüpfend vorwärts. Das trug ihnen den Namen „Wasserfloh" ein – mit Flöhen haben diese Krebschen sonst nämlich nichts weiter gemeinsam! Außer dem Kopf ist der gesamte Körper der Tierchen von einer zweiklappigen, unten offenen Schale umgeben. Da sowohl die Schalen als auch der Körper durchsichtig sind, können wir sogar ins Innere der Tiere schauen. An der Bauchseite liegen mehrere Beinpaare, die ständig frisches Wasser herbeifächeln. Vom Kopf bis zum Hinterteil durchzieht ein langer, dunkler Darm den Körper. Am Rücken, oberhalb des Darmes seht ihr deutlich zwei Eier. Darüber könnt ihr, wenn ihr genau schaut, das durchsichtige, pulsierende Herz des Tieres erkennen!

Hüpferlinge haben tropfenförmige, durchsichtige Körper, lange Antennen und eine typische Schwanzgabel.

Hüpferling

Überall da, wo ihr Wasserflöhe keschert, sind bestimmt auch Hüpferlinge dabei. Im Gegensatz zu den Wasserflöhen benutzen diese Krebschen nicht ihre langen Antennen zur Fortbewegung, sondern hopsen mithilfe ihrer fünf Brustbeinpaare. Dabei dient ihre Schwanzgabel zum Steuern. Hüpferlinge findet ihr auch in kleinen Pfützen, die im Sommer komplett austrocknen können. Das schadet den Tieren nicht, da sie einen speziellen Trick beherrschen: Wird ihr Lebensraum zu trocken oder im Winter zu kalt, so scheiden sie einen Schleimmantel ab, der zusammen mit Schlammteilchen eine feste Kruste bildet. In dieser Schleimkruste überstehen sie unbeschadet auch längere Trocken- und Frostperioden.

Flohkrebse sind 1–2 cm groß und leicht an ihren seitlich zusammengedrückten Körpern zu erkennen.

Flohkrebs

Flohkrebse halten sich gern in flachem Wasser unter hohl aufliegenden Steinen oder Ästen auf. Hier futtern sie verwesende Pflanzen und Aas. An guten Stellen findet ihr sie oft massenhaft! Habt ihr zwei Tiere gefunden, die sich aneinander festklammern? Oben seht ihr das größere Männchen, unten das Weibchen. Das Männchen hält sich eine ganze Woche lang so am Weibchen fest und wartet darauf, dass das Weibchen paarungsbereit ist. Legt einige Tierchen in eine flache, mit Wasser gefüllte Schale unter das Binokular, und ihr könnt genau beobachten, wie sie sich fortbewegen: Zuerst schlagen sie ihren Hinterleib gegen die Bauchseite, dann strecken sie sich wieder gerade, wobei ihre Brustbeine kräftig mit ziehen und schieben. So rutschen Flohkrebse immer auf der Seite liegend vorwärts.

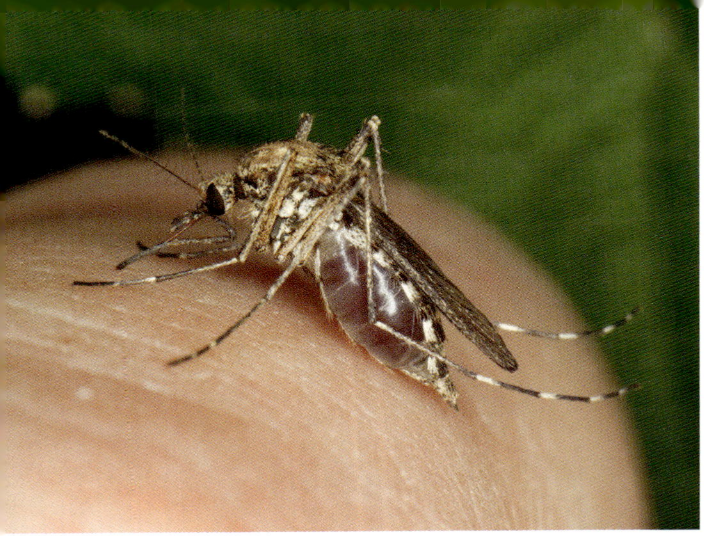

Damit sich im Körper der Stechmücke Eier entwickeln können, braucht sie Blutmahlzeiten.

Stechmücke

Nach einer Blutmahlzeit legt das Stechmücken-Weibchen bis zu 400 winzig kleine braune Eier auf die Wasseroberfläche. Sie sind etwa 0,5 cm lang und schwimmen auf dem Wasser wie kleine Schiffchen. Nach 2 Tagen schlüpfen aus den Eiern winzig kleine Mückenlarven. Sie haben keine Beine und hängen sich einfach mit ihrem Hinterleib an die Wasseroberfläche. Hier holen sie mit einem Atemrohr den zum Atmen wichtigen Luftsauerstoff. Ihre Nahrung besteht aus winzigen Schwebeteilchen im Wasser. Tippt mal so eine Mückenlarve an: Sie flüchtet blitzschnell mit schlängelnden Bewegungen zum Gewässergrund, kommt aber gleich wieder zurück an die Wasseroberfläche.
Wenn die Larve wächst, so muss sie sich häuten, denn ihre Haut kann nicht mitwachsen. Jede Larve muss sich insgesamt vier Mal häuten.

Stechmücken legen ihre Eier auf dem Wasser ab. Sie treiben dort wie Schiffchen umher.

Nach einer Woche verwandelt sich die Larve in eine Puppe. Unter dem Binokular erkennt ihr, dass ihr Kopf und die Brust birnenartig verschmolzen sind. Deutlich zu erkennen sind auch die Augen. Ihren Hinterleib hat sie um den Vorderteil geschlagen. Die Puppe nimmt keine Nahrung mehr auf. In ihrem Inneren vollziehen sich tief greifende Veränderungen. Nach wenigen Tagen könnt ihr beobachten, wie aus der Puppe die erwachsene Stechmücke schlüpft.

Aus den Eiern schlüpfen die Mückenlarven. Sie hängen kopfüber an der Wasseroberfläche. Oft findet ihr sie am Wasserspiegel von Regentonnen.

Mücken züchten

Stechmücken sind überall häufig, da sie sehr genügsam und anspruchslos sind. Gebt einfach eine handvoll Heu in einen wassergefüllten Eimer und stellt ihn zwei bis drei Wochen lang draußen in den Hof oder in den Garten. Das Heu fördert das Bakterien- und Algenwachstum, so finden eure Mücken beste Bedingungen zur Entwicklung, und ihr könnt bald sämtliche Mücken-Stadien darin finden!

Nach wenigen Tagen schlüpft aus der Puppe die fertige Stechmücke.

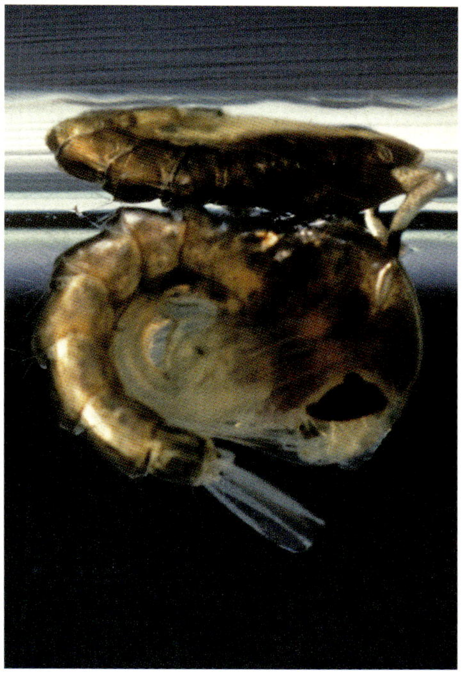

Die Larven der Eintagsfliegen tragen am Hinterleib drei sehr lange, spitze Anhänge.

Mit ihren langen und kräftigen Beinen klammern sich Eintagsfliegen-Larven in strömenden Bächen unter Steinen fest.

Lebt ihr wirklich nur einen Tag lang?

Das Leben der erwachsenen Eintagsfliegen ist kurz, denn sie haben nur eine Aufgabe zu erfüllen: sich zu paaren und Eier abzulegen. Erwachsene Eintagsfliegen haben deshalb nicht einmal Mundwerkzeuge ausgebildet und können keine Nahrung aufnehmen. Dementsprechend kurz ist ihr Leben – es dauert zwischen einigen Stunden bis zu mehreren Tagen.

Eintagsfliegen-Larven

Die meisten Larven von Eintagsfliegen haben hohe Ansprüche an ihren Lebensraum und kommen nur in klaren, sauberen Bächen vor. Wissenschaftlern dienen sie als verlässliche Zeiger („Bio-Indikatoren") für gute Wasserqualität. Ihr erkennt Eintagsfliegen-Larven leicht an ihren großen Augen und den drei langen Schwanzfäden. Die Larven verbringen ein bis drei Jahre unter Wasser, dann häuten sie sich zur erwachsenen Eintagsfliege und verlassen das Wasser.

Erwachsene Eintagsfliege

Dieses Wassergeistchen ist eine Köcherfliegen-Larve, die ohne Gehäuse lebt. An der Bauchseite seht ihr ihre buscheligen Kiemen – damit atmet sie unter Wasser.

Köcherfliegen-Larven

Wenn in euren Keschern und Sieben plötzlich kleine Steinchen und Äste umherzukrabbeln beginnen, dann habt ihr mit Sicherheit die Larven von Köcherfliegen gekeschert! Diese Tierchen sind meist 1–2 cm groß und haben einen weichhäutigen Hinterleib, den sie gerne mit Ästen, Steinchen, Blättern oder Schneckengehäusen schützen. Dazu verkleben sie das Material mit Klebstoff aus speziellen Spinndrüsen zu einer festen Wohnröhre, die sie immer mit sich herumschleppen. Die Spinndrüsen sitzen nicht wie bei Spinnen am Hinterleib (siehe Seite 111), sondern sind winzig klein und in der Unterlippe versteckt. Zum Fressen schaut nur der kräftige Vorderkörper aus der Röhre heraus, bei Gefahr zieht sich das Tier komplett zurück.

Die meisten Köcherfliegen-Larven leben geschützt in ihren Köchern aus verklebten Sandkörnchen.

Äste, Blätter oder Schneckenhäuser: Verbaut wird, was der Lebensraum hergibt.

Erwachsene Köcherfliegen erinnern an bräunliche, eher unscheinbare Schmetterlinge. Doch tragen ihre Flügel keine Schuppen sondern Haare! Auffällig sind ihre meist sehr langen Fühler.

Schlammfliegen-Larven leben zwei Jahre lang im Bodenschlamm. Ihr erkennt sie an ihren drei Beinpaaren am Vorderkörper und den sieben paarigen Anhängen am Hinterleib.

Erwachsene Schlammfliegen sind schlechte Flieger und sitzen meist auf Halmen in der Ufervegetation. Ihr erkennt sie an ihren graubraun getönten Flügeln mit grober Aderung.

Schlammfliegen-Larven

Um Schlammfliegen-Larven zu finden, müsst ihr mit dem Kescher im Bodenschlamm von Teichen wühlen. Hier vergraben sich die Tiere mit Vorliebe und futtern hauptsächlich Würmer. An ihren Beinen und Hinterleibs-Anhängen seht ihr viele fadenförmige Verästelungen. Das sind die Kiemen der Tiere: damit ziehen sie den Sauerstoff aus dem Wasser in ihr Blut. Sie atmen also sozusagen mit ihren Beinen!

Die kräftige Larve des Gelbrandkäfers wird fünf bis sechs Zentimeter lang.

Gelbrandkäfer-Larve

Die großen gelben Larven des Gelbrandkäfers lauern bewegungslos im Pflanzengewirr am Ufer und sind der Schreck vieler Teichbewohner. Schaut euch mal ihre Mundwerkzeuge unter dem Binokular an, dann wisst ihr, warum! Gelbrandkäfer erbeuten damit sogar Kaulquappen und kleine Fische. Ihr solltet die wehrhaften Larven niemals in einem Gefäß gemeinsam mit anderen kleinen Wassertieren halten, sonst bleiben am Ende nur die Käferlarven übrig.

Erwachsene Gelbrandkäfer sind schwarz mit gelben Rändern.

Kunterbunte Mosaike und ein Riesenstrohhalm

Woher kommen die Farben der Schmetterlinge? Wie schaffen sie es, über 10 km weit zu riechen, und wozu brauchen sie Riesenstrohhalme? Unter der Lupe findet ihr die Antworten!

Das braucht ihr

An Wegrändern und auf Wiesen mit vielen Blumen könnt ihr an warmen, sonnigen Tagen immer Schmetterlinge beobachten. Findet ihr heraus, was sie dort auf den Blüten tun? Mit einem Schmetterlingsnetz könnt ihr auch einen Schmetterling einfangen und in der Becherlupe genauer anschauen. Zum Betrachten unter dem Binokular sind am besten Totfunde geeignet.

Hier findet ihr euer Material

Tote Schmetterlinge finden sich häufig auf Fensterbänken oder auf Gehsteigen. Oft findet man auch einzelne abgerissene Schmetterlingsflügel – Vögel rupfen vor dem Verspeisen die wenig schmackhaften Flügel heraus.

So trinkt der Schmetterling

Schmetterlinge könnt ihr auch „live“ beim Trinken beobachten. Ihr müsst dazu nur ruhig vor eine Blüte warten, die gern von Schmetterlingen besucht wird. Ideal ist hierzu zum Beispiel der bei Schmetterlingen so beliebte Schmetterlingsflieder. Kaum ist der Schmetterling gelandet, da entrollt er auch schon seinen langen, dünnen Rüssel und tastet die Blüte ab. Mit zahlreichen hochempfindlichen Sinneszellen am Ende dieses Strohhalms erschnuppert er, wo der begehrte Nektar auf ihn wartet, und schiebt seinen Rüssel bis tief an den Grund der Blüte.

Der Schmetterlingskörper ist dicht mit langen Haaren bewachsen, sogar der Kopf ist dicht behaart. Schmetterlinge haben vier Flügel. Unter der Lupe erkennt ihr schon, dass die Flügel nicht einfach glatte, bunt bemalte Flächen sind – sie sind vielmehr ein kunstvolles Farbmosaik aus unzähligen, winzig kleinen Schüppchen!

Duftende Flügel

Unter dem Binokular könnt ihr sehen, dass der Schmetterlingsflügel nicht einfach eine gerade Fläche ist, sondern dass er durch ein Netz von Adern in verschiedene Teilabschnitte untergliedert ist. Die Flügelfläche verläuft in einem Zickzack-Muster, ähnlich wie beim Flügel der Libellen (siehe Seite 64). Unter der 30-fachen Vergrößerung seht ihr ganz deutlich, wie die Muster auf den Schmetterlingsflügeln zustande kommen: Die Flügel sind dicht besetzt mit Millionen kleinen Schüppchen, die sich dachziegelartig überlappen. Dabei trägt jede Schuppe immer nur eine Farbe. Kratzt ihr mit einer Nadel ein paar Schüppchen ab, so kommt darunter die elastische, transparente Flügelhaut zum Vorschein. Wenn ihr genau hinschaut, könnt ihr sehen, dass jedes Schüppchen mit einem kleinen Stiel auf der Flügelhaut befestigt ist.

Manche Flügelfelder bei weiblichen Schmetterlingen riechen nach Parfüm – damit locken sie die Männchen an!

Monsteraugen

Die riesigen Augenflecken auf den Flügeln des Tagpfauenauges sollen Fressfeinde verwirren und abschrecken. Nach dem Motto: „Ich bin gar kein kleines leckeres Tierchen, sondern ein großes, gefährliches Tier mit Riesenaugen!“. Auch auf Vogelfedern findet ihr solche Augenflecken. So benutzen beispielsweise Pfauen-Männchen sie, um den Weibchen zu imponieren.

Die Schuppen der Schmetterlinge sind ebenso wie die Federn der Vögel Gebilde, die sich im Lauf von Jahrmillionen Erdgeschichte aus ursprünglich einfachen Haaren entwickelt haben.

Welche Farben futtern Raupen?

Viele Farben der Schmetterlinge wie Gelb-, Orange- und Rottöne gehen auf farbige Pflanzen zurück, die sie als Raupen gefuttert haben. Die Farbpigmente werden in ihrem Körper gespeichert und kommen beim Falter dann als farbige Flügelschuppen wieder zum Vorschein. Ganz frisch geschlüpfte Schmetterlinge sind am kräftigsten gefärbt, da die Pigmente hier noch ihre volle Kraft entfalten.
Die herrlichen blauen und grünen Schillerfarben sind dagegen eigentlich keine Farben, sondern entstehen nur durch Lichtreflexe an der Oberflächenstruktur der Schuppen.

Aufgerollter Riesenstrohhalm

Der Schmetterlingsrüssel ist so lang, dass er dem Tier im Flug hinderlich wäre. Deshalb tragen Schmetterlinge ihren Rüssel fein säuberlich eingerollt wie einen Gartenschlauch mit sich herum und entrollen ihn nur, wenn er tatsächlich zum Trinken gebraucht wird. Wenn ihr einen toten Schmetterling gefunden habt, so könnt ihr mit einer Nadel vorsichtig den Rüssel entrollen. Bei manchen Schmetterlingen ist er länger als ihr gesamter Körper!

Trinkt mal wie ein Schmetterling!

Stellt einen Becher mit Saft auf den Fußboden und steckt nun so viele Strohhalme ineinander, dass ihr im Stehen aus dem Becher trinken könnt. So trinkt ein Schmetterling. Ganz schön mühsam, oder? Für Schmetterlinge ist ihr langer Rüssel dennoch sehr praktisch, denn nur mit seiner Hilfe gelangen sie auch an den Blütennektar am Grund sehr tiefer, enger Blütenröhren!

TIPP: Die Strohhalme lassen sich leichter ineinanderstecken, wenn ihr jeweils das untere Ende eines Halmes mit der Schere einschneidet.

Riechen mit den Fühlern

Viele Nachtschmetterlinge haben ganz besonders gestaltete Fühler. Oft sehen sie aus wie Kämme. Auf jedem dieser Kämme sitzen viele Tausend hochempfindlicher Riechzellen. Damit können Männchen sogar ein mehrere Kilometer entfernt geschlüpftes Weibchen erschnuppern!

Rekord!

Die Männchen des in Asien beheimateten Mondspinners sind in der Lage, mit ihren gekämmten Fühlern Weibchen zu erschnuppern, die sich in 11 km Entfernung befinden!

Wie weit könnt ihr schnuppern?

Stellt euch zu zweit in einen langen Flur, auf den Schulhof oder in den Garten. Ein Kind sprüht sich mit Deodorant ein. Wie weit kann euer Partner sich entfernen, ohne dass ihr den Duft aus der Nase verliert?

Wieso fliegt die Eule lautlos?

Wenn Eulen durch die Nacht gleiten, dann geschieht das gespenstisch lautlos. Oft bemerkt man nur einen großen Schatten, der vorüberzieht. Das Geheimnis des unheimlich leisen Eulenfluges liegt in ihren Federn verborgen.

Weich und flauschig

Wenn man über Eulen- und andere Federn streicht, kann man den Unterschied sofort spüren. Die Feder der Eule fasst sich flaumig weich an – wie Samt, während die anderen Federn wesentlich rauer sind.

Das braucht ihr

Eine Eulenfeder und möglichst viele verschiedene Federn anderer Vögel.

Hier findet ihr euer Material

Fragt in einem Wildpark oder in einem Vogelpark nach Eulenfedern. Bestimmt kann man dort weiterhelfen. Im Wald finden sich fast immer einzelne Federn verschiedener Vögel oder sogar ganze Ansammlungen. Letzeres sind sogenannte „Rupfungen“: Hier hat ein Greifvogel einen Kleinvogel gerupft und verspeist.

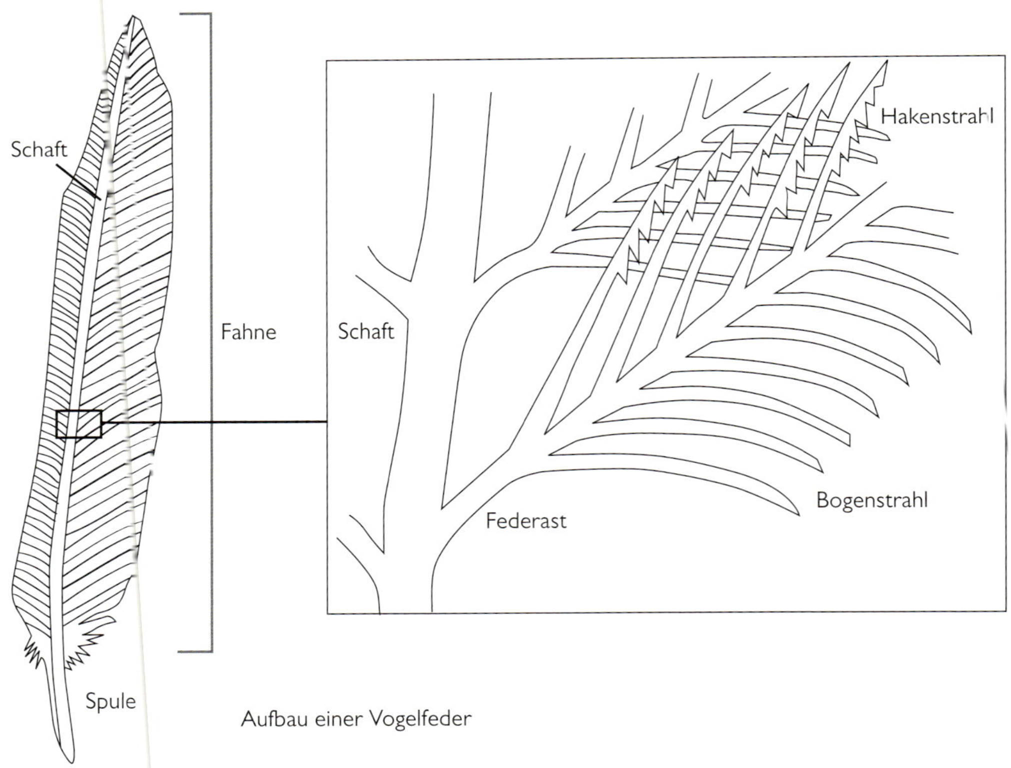

Aufbau einer Vogelfeder

Die trägt ein Fell

Unter der Lupe erkennt ihr, warum das so ist: Die ganze Eulenfeder ist bedeckt mit einem Pelz feinster, weicher Härchen. Diese sorgen während des Fluges für feinste Verwirbelungen an der Flügeloberfläche und dämpfen damit die Fluggeräusche sehr effektiv. Das betrifft sogar den für Menschen nicht wahrnehmbaren, für Mäuse mit ihrem feinen Gehör aber sehr wohl zu hörenden, extrem hohen Ultraschallbereich. Betrachtet nun zum Vergleich bei derselben Vergrößerung eine andere Feder unter der Lupe. Wir haben die Feder eines Sperbers gewählt. Könnt ihr den Unterschied erkennen?

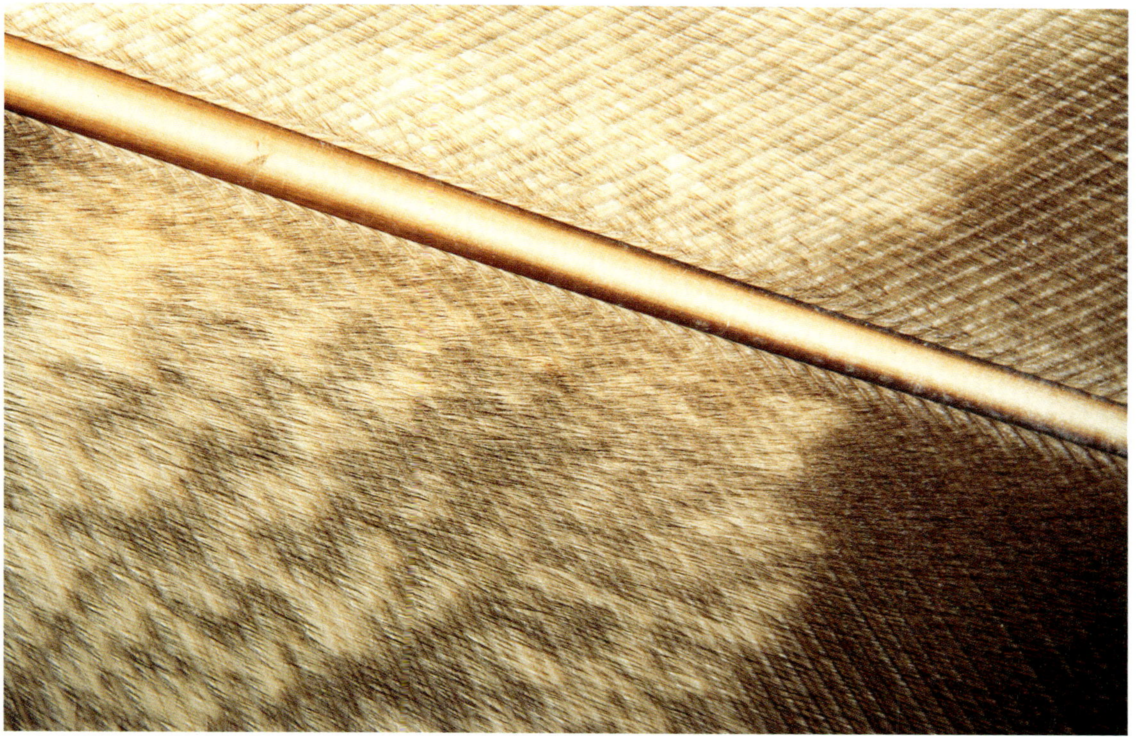

Natürlicher Klettverschluss

Wenn man nun mit zwei Nadeln oder mithilfe spitzer Bleistifte die seitlichen Federäste der Feder auseinanderzieht, so erkennt man, dass von den seitlichen Federästen nochmals feine Verzweigungen abgehen, die sogenannten Federstrahlen. Eine einzige Vogelfeder kann bis zu 600 000 solcher Strahlen enthalten. Diese Federstrahlen sind unterschiedlich geformt: Diejenigen, die zur Spitze der Feder zeigen sind fransig und hakig geformt. Das sind die Hakenstrahlen. Diejenigen, die nach unten zur Basis der Feder zeigen, sind hingegen glatt und verlaufen in einem Bogen, man nennt sie deshalb Bogenstrahlen. Zwischen den seitlichen Federästen treffen also immer jeweils Haken- und Bogenstrahlen aufeinander. Sie greifen ineinander und bilden so einen natürlichen Klettverschluss. Diese Verbindung ist nicht nur besonders stabil, sondern auch sehr flexibel, was bei der Beanspruchung im Flug, z. B. bei starkem Wind, sehr wichtig ist.

Gefiederpflege

Damit das Gefieder einwandfrei funktioniert, müssen die Klettverschlüsse hin und wieder richtig sortiert werden. Dazu ziehen Vögel (hier eine Ringeltaube bei der Gefiederpflege) jede Feder einzeln durch den Schnabel.

Wenn ihr nun die Seitenäste der Eulenfeder unter dem Binokular auseinanderschiebt und euch bei 30-facher Vergrößerung anschaut, so seht ihr, dass die Seite mit den Hakenstrahlen hier fransenartig verlängert ist. Diese Fransen sind es, die die Behaarung der Eulenfeder ausmachen und die Fluggeräusche beim Eulenflug vermindern!

Warum sehen Eulenküken anders aus?

Junge Eulen tragen wie alle anderen Vögel auch ganz andere Federn als ihre Eltern. Sie heißen Dunenfedern und sind flauschig weich. Fliegen können die Jungvögel damit aber nicht. Solche Dunenfedern finden sich übrigens auch bei Altvögeln – sie tragen diese kuscheligen Federn sozusagen als Unterwäsche. Die Aufgabe der Dunenfedern liegt einzig und allein darin, die Vögel warm zu halten. Wie sie das bewerkstelligen, verrät die Dunenstruktur, welche sich mit dem Binokular untersuchen lässt.

Federn zum Wärmen

Dunenfedern tragen lange, feine und fadenförmige Seitenäste. Diese sind nicht durch Haken- und Bogenstrahlen miteinander verbunden, sondern stehen weit auseinander. Dadurch kann sich zwischen diesen weichen, flauschigen Federn viel Luft ansammeln. Diese isolierende Luftschicht ist es, die dafür sorgt, dass der Vogel nicht friert.

Werden Vögel im Regen nass?

Diese Frage lässt sich am besten beantworten, wenn man schaut, was passiert, wenn Vogelfedern mit einem Wassersprüher besprüht werden: Dunenfedern fallen in sich zusammen und werden nass – sie sind nicht darauf ausgerichtet, Vögel vor Regen zu schützen. Auf den außen liegenden Deckfedern perlt das Wasser hingegen ab. So schützt das außen liegende Federkleid die Vögel vor Nässe, während die darunter liegenden Dunenfedern den Vogel wärmen.

Sind Federn wirklich winddicht?

Haltet eine Feder vor euren Mund und versucht, eine brennende Kerze durch die Feder auszupusten. Es gelingt kaum, weil die Äste, Bogen -und Hakenstrahlen eine dichte Fläche bilden.

Achtung: Experimente mit brennenden Kerzen immer nur unter Aufsicht von Erwachsenen durchführen!

Prächtige Federn zum Angeben

Federn erfüllen aber noch viele weitere Aufgaben. Zum Beispiel rupfen sich Enten und Gänse ihre weichen Bauchfedern aus, um damit ihr Nest auszupolstern, und viele Vögel tragen prächtig bunte Federn, um damit einen Partner anzulocken.

Gallen: Heimliches Leben in der Kugel

Im Herbst könnt ihr an vielen Blättern merkwürdige Gebilde finden: An Eichenblättern kleben kleine Äpfel, an Lindenblättern rote Mini-Zipfelmützen und an den Spitzen von Fichtenzweigen winzig kleine Ananas-Früchte. Was es damit auf sich hat, verrät ein Blick durch die Lupe: Es sind Behausungen winzig kleiner Insekten!

Das braucht ihr

Verschiedene Gallen (siehe Fotos).

Hier findet ihr euer Material

An Blättern und Zweigen von Eichen, Linden, Fichten und Rosensträuchern.

Wo ist da der Eingang?

Schaut euch die Eichengalle mal genauer an: Könnt ihr daran ein Einschlupfloch entdecken? Sicher nicht. Aber wie ist das Tier dort hineingekommen?

So kommt das Tier in die Kugel

Das Weibchen der bis zu 3 mm großen Eichengallwespe sticht im Sommer seine Eier in die Blattadern von Eichenblättern. Der Baum lässt nun um die Eier herum sein Gewebe wuchern. Das ist eine Art Selbstschutz des Baumes – er versucht, den Fremdkörper abzuspalten. Nun schlüpft aus dem Ei die Larve. Sie gibt Stoffe ab, die den Baum veranlassen, das Gewebe weiter wuchern zu lassen – bis es zu einem runden, 1–2 cm großen Gebilde wird, der sogenannten „Galle". Die Larve lebt in einem kleinen Hohlraum, der „Larvenkammer" in der Mitte der Galle.

Wenn ihr eine Eichengalle sehr vorsichtig in der Mitte durchschneidet, so findet sich da einen Hohlraum. Darin befindet ihr entweder ein Ei, die Larve, die Puppe oder das bereits ausgewachsene Insekt der Eichengallwespe!

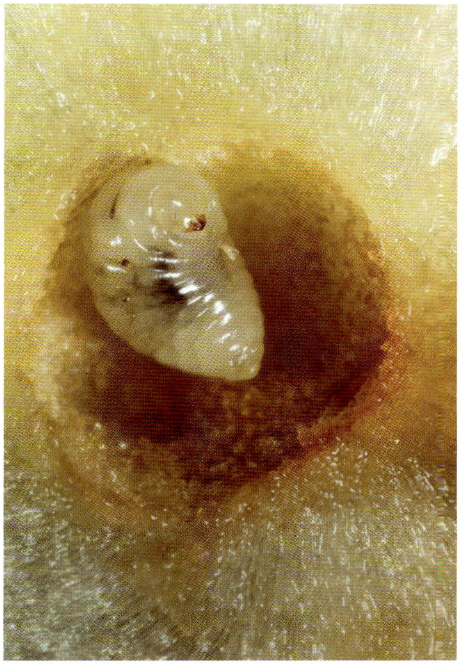

Die Larve ernährt sich vom Pflanzengewebe des Gallapfels.

Wer schlüpft denn da?

Sammelt im Herbst 2–3 Eichenblätter mit daran klebenden Gallen. Gebt die Blätter in ein leeres, sauberes Marmeladenglas und verschließt es mit Mückengaze und Gummiband. In den nächsten Wochen solltet ihr es hin und wieder mit etwas Wasser besprühen. Mit etwas Glück schlüpft aus den Gallen ein ameisengroßes Insekt: die Eichengallwespe! Keine Angst – sie kann euch nicht stechen. Bitte bringt das geschlüpfte Tier an seinen Fundort zurück.

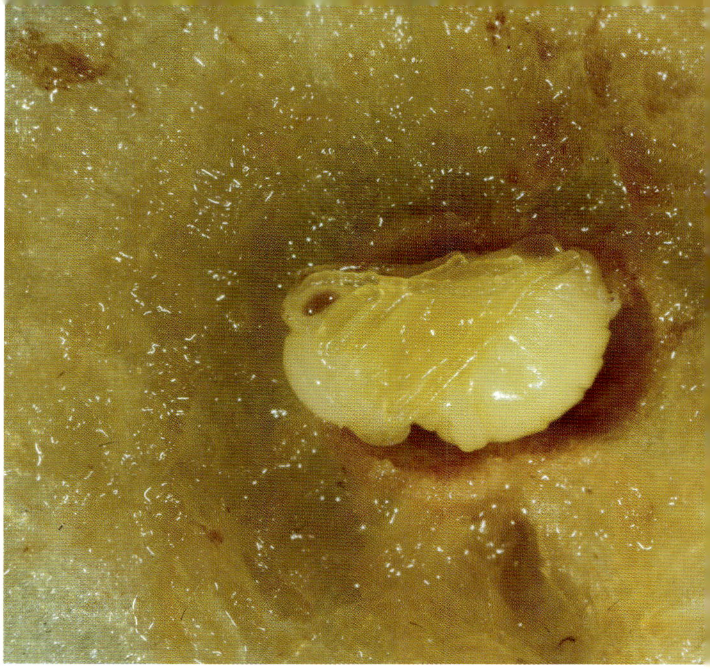

Ist die Larve ausgewachsen, so verpuppt sie sich. Die Puppe liegt völlig unbeweglich im Gallapfel. Doch in ihrem Inneren vollziehen sich tief greifende Veränderungen!

Aus der Puppe schlüpft schließlich die fertige Eichengallwespe. Mit kräftigen Mundwerkzeugen knabbert sie sich ihren Weg durch die Galle hinaus in die Freiheit.

Da sind viele Zimmer drin!

An Rosensträuchern hängen solche strubbeligen Haarschöpfe: Auch das sind Gallen. Hier hat die Rosengallwespe ihre Eier in einen Rosenzweig gestochen. Der Rosenstrauch lässt um die Eier herum solche strubbeligen Gebilde wuchern.

Mit mehreren Zimmern

Schneidet ihr eine Rosengalle auf, so könnt ihr darin gleich mehrere Larvenkammern entdecken. Jede Larve hat sozusagen ihr eigenes „Kinderzimmer".

Mini-Ananas an Fichte

An den Spitzen von Fichtenzweigen wachsen nicht selten solche kleinen, Ananas-artigen Gebilde. Auch das sind Gallen. Darin wachsen die Larven der kleinen Galllaus heran.

Rote Zipfelmützen

In den roten, zipfeligen Gallen an Lindenblättern sind winzige Lindengallmilben zu Hause.

Wie viel Faden ist in einer Spinne?

Vor kaum einem anderen Tier ekeln sich so viele Menschen wie vor Spinnen. Und kaum ein anderes Tier fasziniert uns gleichzeitig so sehr! Acht wachsame Augen, kunstvolle Fangnetze und ein gefürchteter Giftbiss – unter der Lupe betrachtet, lassen sich viele Geheimnisse aus dem Spinnenleben lüften!

Spinnenfaden

Das braucht ihr

Spinnfäden, zum Transport eine kleine Glasplatte (z.B. aus einem Bilderrahmen) und verschiedene lebendige Spinnen oder auch Totfunde.

Hier findet ihr euer Material

Überall am Wegesrand, an Mauern, auf Wiesen und in Hausecken.

Klebrige Netze

Spinnnetze sind klebrig, deshalb ist es schwierig, mit bloßer Hand Spinnfäden mit nach Hause zu nehmen, um sie zu untersuchen. Hier hilft euch eine kleine Glasplatte: Einfach ans Spinnnetz halten; einige Fäden werden bestimmt daran haften bleiben, ohne dabei zusammenkleben. Unter dem Binokular erkennt ihr bei 30-facher Vergrößerung, dass manche Fäden in regelmäßigen Abständen mit winzigen Tröpfchen besetzt sind. Es sieht aus, als wären Perlen auf einer Kette aufgereiht. Das sind die Klebtropfen, an denen die Beutetiere der Spinne im Netz kleben bleiben. Doch nicht alle Fäden sind klebrig, sonst würde ja auch die Spinne an ihrem eigenen Netz festkleben. Sie weiß aber genau, auf welchen Fäden sie laufen kann!

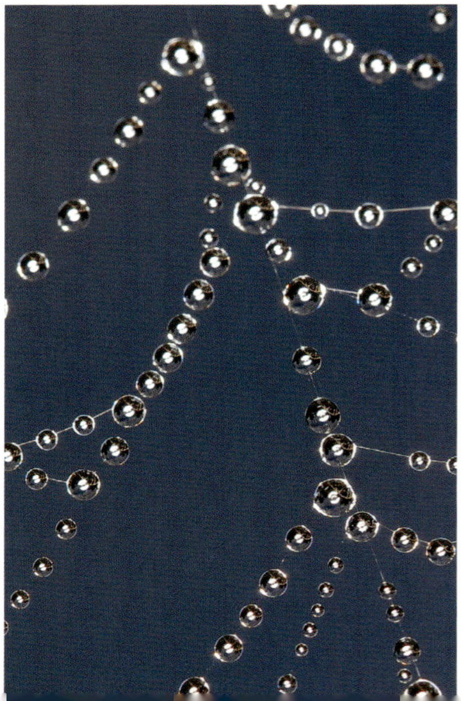

Fester als Stahl und dehnbar wie Gummi

Spinnfäden sind um ein Vielfaches stabiler als ein ähnlich dicker Stahldraht, gleichzeitig aber elastisch wie Gummi. Kein Wunder, dass Forscher seit Jahren fieberhaft versuchen, dieses einzigartige Biomaterial nachzubauen. Warum das so schwer ist, verrät euch ein Blick durch die Lupe.

Spinnwarzen

Die Fäden der Spinne kommen aus besonderen Spinnwarzen am Hinterleib der Spinne. Die wollen wir uns genauer anschauen.

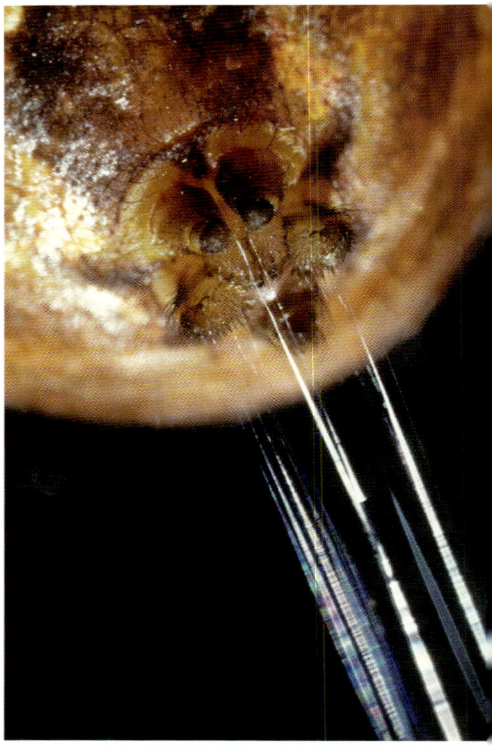

Kletterseil und Babybett

Unter der Lupe könnt ihr erkennen, dass die Spinne auf der Unterseite ihres Hinterleibes mehrere röhrenförmige Erhebungen hat; das sind ihre Spinnwarzen. Spinnen haben davon bis zu acht Stück. Bei manchen Spinnwarzen seht ihr am Ausgang einen Haarkranz. Habt ihr eine tote Spinne unter dem Binokular, so könnt ihr mit einem spitzen Bleistift die Röhren hin- und herbewegen: Sie sind nämlich sehr beweglich. Dabei passiert es nicht selten, dass durch das Hin- und Herbewegen noch Spinnfäden austreten. Und zwar ist es nicht ein einzelner Faden, der da austritt: Aus einer Spinnwarze kommen gleichzeitig mehrere hauchdünne Spinnfäden heraus!

Diese Spinnfäden liegen nicht aufgewickelt wie ein Wollknäuel in der Spinne. Es ist vielmehr so, dass die Spinne in ihrem Körperinneren in speziellen Spinndrüsen eine wässrige, durchsichtige Flüssigkeit produziert. Sie ist das Grundmaterial ihrer Spinnfäden.

Forschern ist es mittlerweile gelungen, die genaue chemische Struktur dieser Flüssigkeit zu entschlüsseln. Doch das reicht noch lange nicht, um auch einen Spinnfaden nachzubauen!

Der giftige Dornfinger

Erst in den hochkomplizierten Spinnwarzen wird diese Flüssigkeit so umgebaut, dass daraus ein Spinnfaden entsteht. Und es gibt nicht nur einfach einen einzigen Spinnfaden! Je nachdem, was die Spinne gerade benötigt, kann sie stabile Halteseile weben, kuschelige Kokons für ihre Kinder oder klebrige Fäden zum Beutefang. Solange wir also nicht genau enträtseln, was in den Spinnwarzen geschieht, werden wir vermutlich auch nicht in der Lage sein, den tollen Spinnfaden der Spinne nachzubauen.

Übrigens: Das Baumaterial des Spinnennetzes ist so kostbar, dass viele Spinnen abends ihre Fangnetze auffuttern. So geht nichts von den wertvollen Baustoffen verloren. Am nächsten Morgen weben sie sich ein neues Netz zum Beutefang.

Giftige Dolche

Schaut euren Spinnen mal auf den Mund: Hier könnt ihr die spitzen, gebogenen Kieferzangen der Spinne sehen. Im Inneren der Zangen verläuft ein Kanal. Hier hindurch fließt ein Gift, das beim Biss sofort in die Beute gespritzt wird. Das Gift lähmt die Beute, die sich nun nicht mehr wehren kann.

Riesennetz über dem Fluss

Auf der Insel Madagaskar entdeckten Forscher erst vor Kurzem eine Spinne, die gigantische Netze über Flüssen aufspannt: Diese Mega-Netze sind bis zu drei Quadratmeter groß und werden von der Spinne an bis zu 25 Meter langen Halteleinen an den Ufern befestigt. Das Beste daran: Die Spinne mit dem wissenschaftlichen Namen *Caerostris darwini* selbst ist gerade mal 2 cm groß. Ihre Spinnfäden sind die strapazierfähigsten der Welt!

Schaut mir in die Augen

Schaut einer Spinne unter der Lupe mal tief in die Augen. Aber in welche? Die meisten Spinnen haben nicht wie wir zwei Augen, sondern gleich deren acht,

Sind Spinnen gefährlich?

Spinnen sind entgegen ihrem Ruf dem Menschen gegenüber sehr friedliche und harmlose Tiere! Unter unseren heimischen Spinnen gibt es nur eine einzige Art, die den Menschen mit ihren wirklich kräftigen Kiefern schmerzhaft beißen und auch ein schmerzhaftes Gift injizieren kann: Der sogenannte Dornfinger kommt aber nur in sehr warmen Gegenden wie am Kaiserstuhl vor und lebt versteckt in Wiesen, sodass eine Begegnung mit ihm eher unwahrscheinlich ist.

manche auch „nur" sechs. Trotzdem können sie nicht besonders gut gucken, weil ihre Augen recht einfach gebaut sind. Bei manchen Spinnen, wie der Springspinne, gibt es zwei stark vergrößerte Hauptaugen. Mit ihnen kann die Spinne richtig scharfe Bilder sehen. Die kleineren Nebenaugen registrieren dagegen nur entferntere Bewegungen. Gut sehen zu können, ist nur für frei jagende Spinnen wie die Zebraspringspinne wichtig. Wer ein Netz baut, braucht nur auf seine Beute zu warten.

Wozu tragt ihr Boxhandschuhe?

Vorn am Spinnenkörper findet ihr zwei Taster, die aussehen, als würden sie am Ende ein Paar Fausthandschuhe tragen. Diese Taster dienen den Spinnen zur Orientierung bei der Fortbewegung und zum Festhalten der Beute. Bei den Männchen sind sie besonders auffällig ausgeprägt: Sie benutzen ihre Taster auch, um bei der Balz auf das Netz des Weibchens zu trommeln, und bei der Begattung übertragen sie damit ihr Sperma auf die weibliche Geschlechtsöffnung.

Fingerabdrücke sichtbar machen

Wenn ihr eure Finger unter der Lupe anschaut, so könnt ihr sehen, dass jede Fingerkuppe ein ganz feines Muster aus Linien, Bögen, Schleifen und Kreisen besitzt. Das Besondere daran ist, dass jeder Mensch auf der Welt sein ganz persönliches Fingerabdruck-Muster hat – sogar eineiige Zwillinge haben verschiedene! Deshalb sind Fingerabdrücke ein geeignetes Mittel, um einen Menschen wiederzuerkennen. Wir zeigen euch, wie ihr scheinbar unsichtbare Fingerabdrücke sichtbar macht!

Das braucht ihr

Eine Glasscheibe oder ein Trinkglas, einen möglichst dicken, feinen Pinsel, möglichst breites, durchsichtiges Klebeband, einen feinen Puder (wie zum Beispiel Babypuder, Backpulver, Kakao oder fein geriebene Bleistiftmine), weißen oder farbigen Karton (je nach Farbe des Puders).

Welcher Puder ist geeignet?

Die Polizei benutzt zum Sichtbarmachen von Fingerabdrücken ein feines Graphitpulver. Das kommt am ehesten fein geriebener Bleistiftmine gleich. Welche Art von Puder ihr zum Sichtbarmachen eurer Fingerabdrücke benützt ist nicht so wichtig und eurer Kreativität überlassen. Entscheidend ist nur, dass ihr die richtige Kartonfarbe dazu auswählt: weißer Puder hebt sich gut auf dunklem Karton ab, und dunkler Puder gut auf hellem Karton.

Finger andrücken

Drückt einen – wenn möglich – ungewaschenen Finger fest auf die glatte Glasscheibe. Wichtig: Ihr dürft den Finger dabei nur andrücken, nicht hin- und herdrehen.

Puder darüberstreuen

Nun streut ihr Puder über die Stelle, an der ihr euren Fingerabdruck hinterlassen habt.

Mit dem Pinsel über den Puder streichen

Streicht mit dem Pinsel sanft und vorsichtig über den Puder auf der Glasplatte.

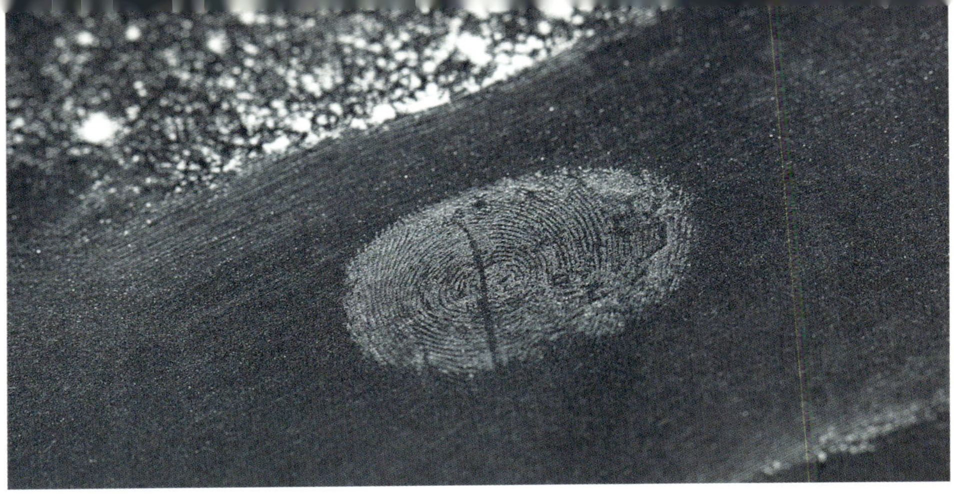

... und der Fingerabdruck wird sichtbar!

Könnt ihr den Fingerabdruck entdecken? Der Puder bleibt am Abdruck kleben, weil er fettig ist!

Klebestreifen über den Fingerabdruck kleben ...

Zieht ein etwa 10 cm langes Stück Klebestreifen von der Rolle und klebt es möglichst glatt und ohne dabei Falten zu machen auf den Fingerabdruck.

... und wieder abziehen

Zieht den Klebestreifen von der Glasplatte ab – der Fingerabdruck bleibt daran haften!

Warum hinterlassen wir Fingerabdrücke?

An der Haut haften fast immer Schweiß und Fett. Diese Hautfette sind es, die auf glatten Gegenständen den unverwechselbaren Abdruck unserer Fingerabdrücke hinterlassen.

Fingerabdruck-Kartei

Lasst eure Familie und Freunde Fingerabdrücke mit einem Stempelkissen machen und legt euch eine Kartei ihrer Fingerabdrücke an. Nun könnt ihr im Haus auf Türklinken und Marmeladengläsern Fingerabdrücke sichern, unter der Lupe untersuchen, mit eurer Kartei vergleichen und herausfinden, wer hier zu Gange war!

Klebstreifen auf Karton kleben

Jetzt könnt ihr den Klebestreifen mit dem Abdruck auf ein Stück Karton kleben.

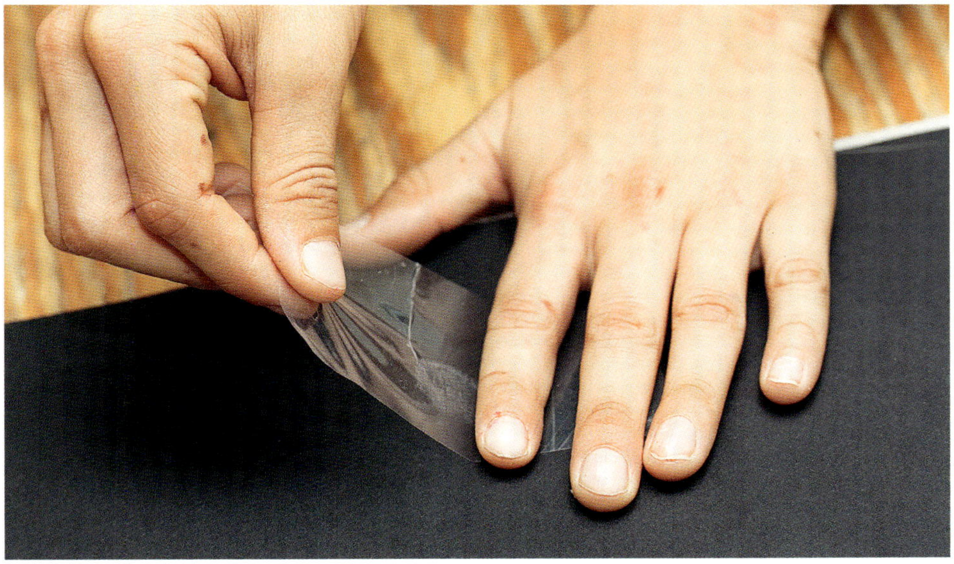

Jeder Fingerabdruck ist einzigartig!

Unter dem Binokular oder unter der Lupe könnt ihr die feinen Rillen und Muster eurer Fingerabdrücke ganz genau untersuchen!

Was fängt die Eule?

Eulen haben die Angewohnheit, ihre Beute als Ganzes zu verschlingen. So schlucken sie auch alle Knochen, den Schädel, die Federn und das Fell ihrer Beutetiere. Was ihnen danach schwer im Magen liegt, das speien sie nach mehreren Stunden als sogenanntes „Gewölle" wieder aus. Das Besondere daran: Die darin enthaltenen Knochen sind nahezu perfekt erhalten! So geben Gewölle Wissenschaftlern wertvolle Hinweise über das Nahrungsspektrum der verschiedenen Eulenarten. Aber auch für euch sind Gewölle faszinierende und sehr spannende Forschungsobjekte: In Gewöllen könnt ihr ganze Schädel finden, verschiedene Knochen, Federn, Muschelstücke, Igelstacheln und Insektenpanzer.

Das braucht ihr

Eulen-Gewölle, eine flache helle Schale, Pinzetten, Pinsel und evtl. eine Schale mit Wasser.

Hier findet ihr euer Material

In freier Natur findet ihr Gewölle von Eulen am ehesten im Wald oder auf Friedhöfen unter Nadelbäumen, auf denen Eulen regelmäßig übernachten. Hier sind oft ganze Ansammlungen von Gewöllen zu finden. Fragt den örtlichen Naturschutzverein, ob in eurer Gemeinde ein Uhu brütet: Dann sind hier garantiert auch die großen Uhu-Gewölle zu finden. Oder ihr fragt einen Bauern, ob in seiner Scheune eine Schleiereule wohnt: Dann findet ihr hier garantiert Schleiereulen-Gewölle! Online gibt es Gewölle übrigens unter dem Stichwort „owl pellets" zu kaufen.

Nicht nur Eulen spucken Gewölle aus, auch viele andere Vögel tun es. Hier auf dem Bild: ein Eisvogel.

Der Eisvogel ist ein reiner Fischfresser. Deshalb findet ihr in seinem kleinen Gewölle auch nur Fischgräten.

Das Uhu-Gewölle ist meist ca. 7 cm lang und hat einen Durchmesser von 2,5–4 cm.

Schleiereulen-Gewölle findet ihr in Scheunen und Ställen.

Die müssen keine Knochen pulen

Das Ausspeien von Gewöllen ist eine ganz natürliche Form der Nahrungsverwertung bei Vögeln und darf nicht mit Erbrechen verwechselt werden. Der Magen eines Vogels besteht aus zwei voneinander getrennten Teilen: dem Drüsenmagen und dem Muskelmagen. Was im Drüsenmagen nicht aufgelöst werden kann, kommt in den Muskelmagen, wird hier gesammelt, zu Ballen gepresst und schließlich als Gewölle ausgespuckt.

Fell und Knochen

Ihr beginnt am besten, indem ihr zunächst einmal mit der Pinzette das Gewölle vorsichtig in mehrere große Einzelteile auseinanderzupft. Dabei solltet ihr sehr behutsam vorgehen, da zum Beispiel Mäuseschädel sonst leicht zerbrechen. Nun könnt ihr bestimmt schon erste Knochen finden. Arbeitet euch nach und nach weiter vor, bis ihr alle festen Bestandteile des Gewölles von Fell und Federn befreit habt. Mit dem Pinsel befreit ihr Schädel und andere Knochen von restlichen Haaren und Fusseln. Manchmal ist es auch hilfreich, Teile des Gewölles oder einzelne Knochen in einer Schale mit Wasser einzuweichen, um sie säubern zu können.

Schleiereulen mögen Mäuse!

In diesem Gewölle einer Schleiereule haben wir gleich fünf Mäuseschädel und unzählige winzig kleine Mäuseknochen entdeckt. Da die Schleiereule Mäuse „am Stück“ verschluckt, sind alle Knochen perfekt erhalten. Ihr findet ein Schulterblatt, Beckenknochen, Oberschenkel-Knochen, Wirbel und vieles mehr. Schaut mal unten auf der Zeichnung, welche Art von Knochen wir in unserem Gewölle gefunden haben!

Keime abtöten

Frische Gewölle sind aufgrund der Magensäure der Vögel meist sehr arm an Keimen. Um sie noch keimfreier zu machen, gibt es verschiedene Möglichkeiten:

▶ Mit kochendem Wasser: Übergießt die Gewölle mit reichlich kochendem Wasser und lasst sie 5–10 Minuten durchziehen. Danach auf Küchenpapier trocknen lassen.

▶ Mit Desinfektionsmittel: Übergießt die auseinandergezupften Gewölle mit kaltem Wasser und gebt einen halben Becher chlorhaltigen Putzmittels (z. B. Abflussreiniger) hinzu. Eine halbe Stunde darin einweichen lassen, dann mit klarem Wasser nachspülen und auf Küchenpapier trocknen lassen.

▶ Im Backofen: Breitet die Gewölle auf einem Stück Backpapier auf einem Backblech aus und trocknet sie mehrere Stunden bei 150°C.

Mäuseknochen aus Eulengewöllen

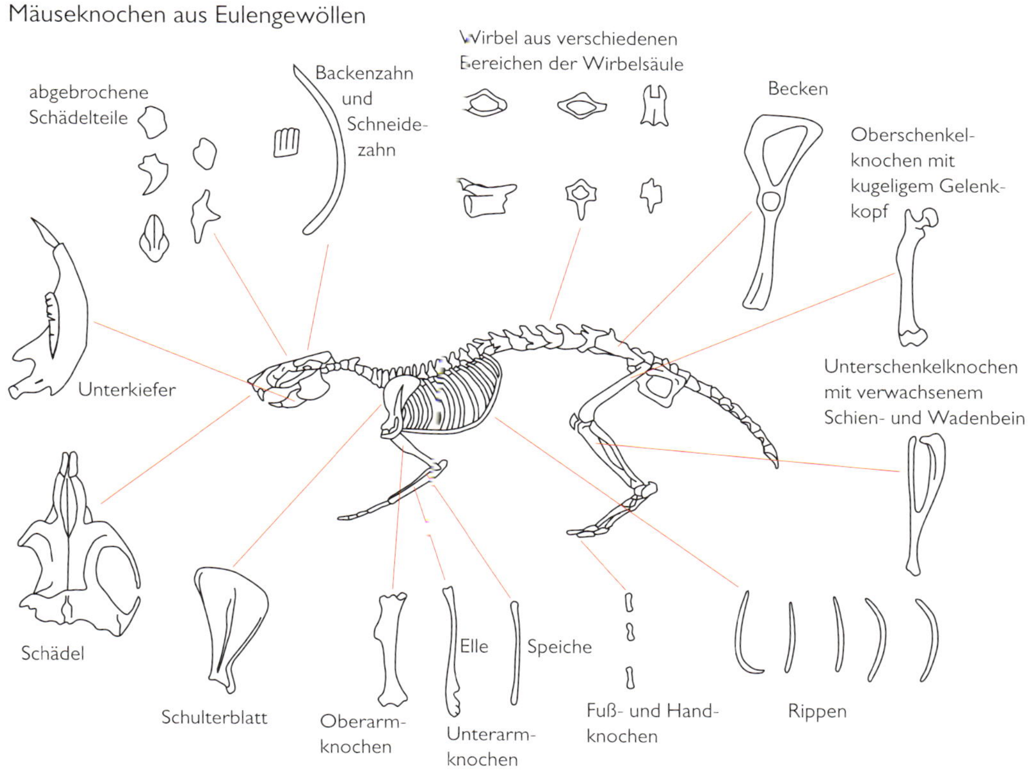

Schädel

Am Schädel seht ihr die langen, gebogenen Nagezähne im Oberkiefer. Sie sind von einer sehr harten gelben Schmelzschicht überzogen. Schaut euch die Zähne mal genauer an: Diese faltenartigen Strukturen sind typisch für Wühlmäuse!

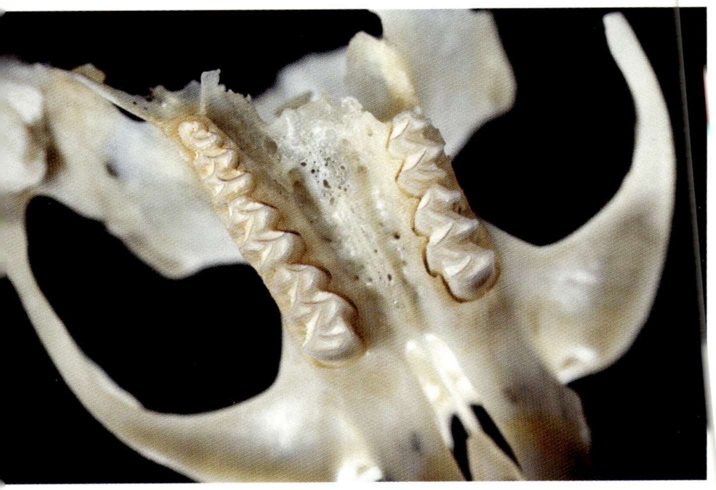

Zeig mir deine Zähne!

Die Zähne von Säugetieren sind für Forscher ein sehr wichtiges Merkmal zur genauen Artbestimmung. Anhand der beiden Unterkiefer könnt ihr gut erkennen, wie unterschiedlich Mäusezähne aussehen können: Wühlmäuse haben Zähne, die aussehen wie ein gefaltetes Handtuch, Spitzmäuse hingegen sehr kleine und spitze Zähnchen.

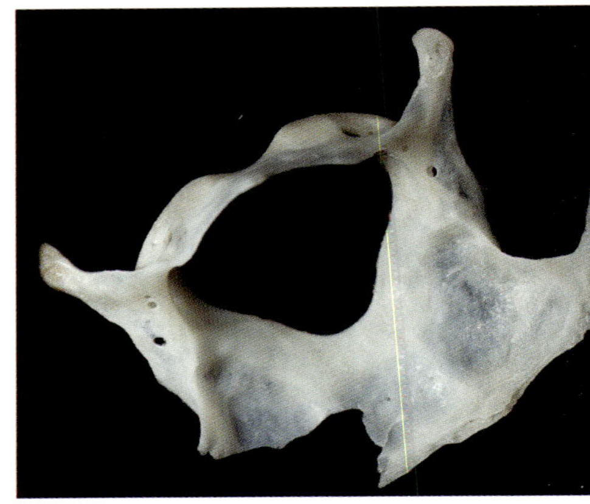

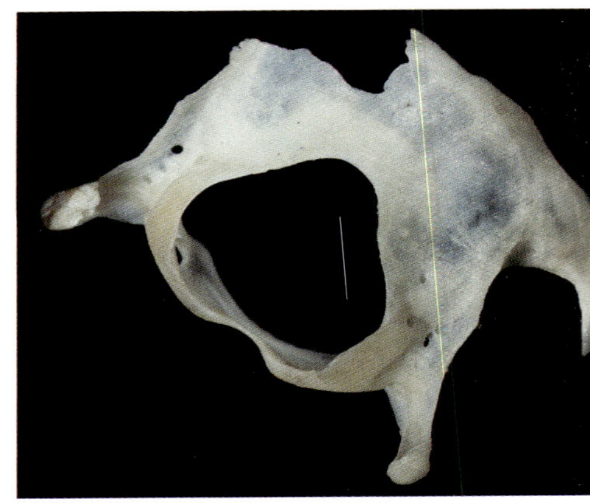

Daraus besteht die Wirbelsäule

Hier seht ihr viele verschiedene Wirbel: Zusammengesetzt, ergeben sie die Wirbelsäule. In der Mitte sind die Wirbel alle hohl. Zusammengesetzt zur Wirbelsäule, entsteht so ein durchgehender Kanal. Darin verlaufen die zentralen Nervenstränge bei Wirbeltieren!

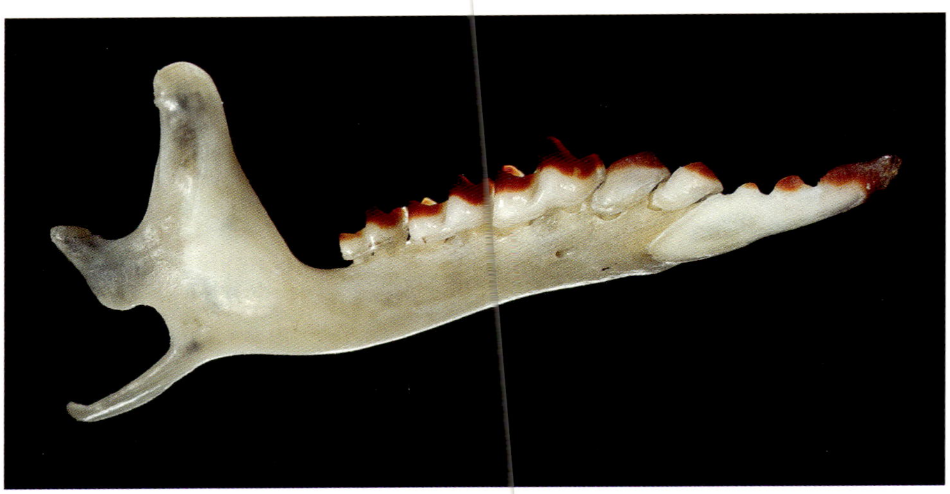

Unterkiefer einer Spitzmaus

Schulterblatt

Das Schulterblatt ist ein breiter, dünner Knochen, den ihr kaum verwechseln könnt. Er ist so dünn, dass er beim Auseinanderzupfen von Gewöllen manchmal kaputtgeht. An seinem schmalen Ende sitzt eine flache Gelenkpfanne. Hier passt das Endstück des Oberarmknochens hinein.

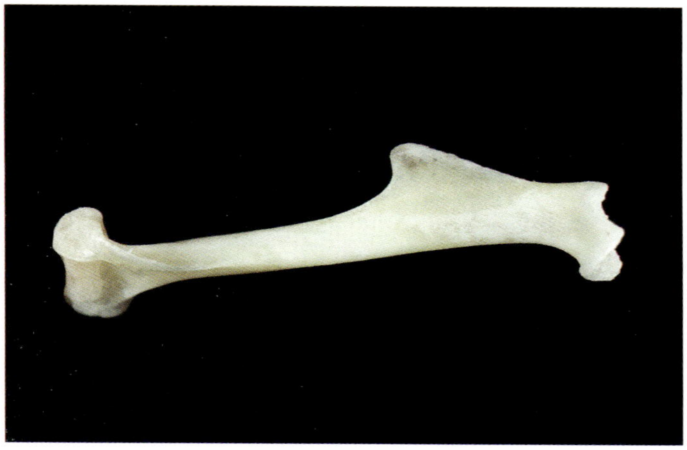

Oberarm

Der Oberarmknochen ist leicht zu erkennen: an einer Stelle ist er ein ganzes Stück verbreitert.

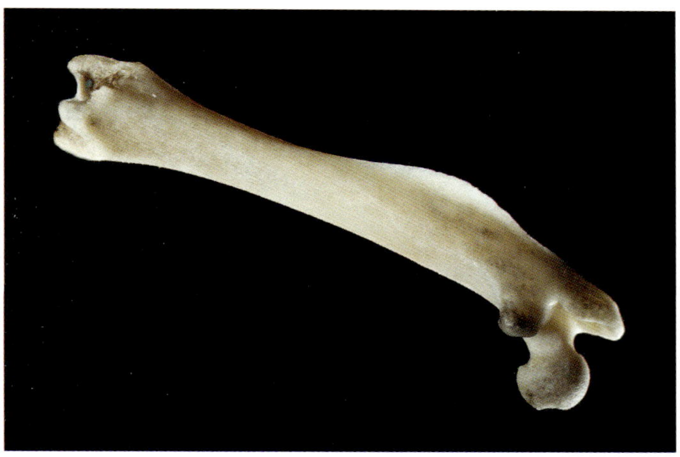

Oberschenkel

Den Oberschenkelknochen erkennt ihr an dem besonderen, etwas abstehenden Kugelkopf. Dieser Gelenkkopf passt ganz genau in die Gelenkpfanne des Beckenknochens. Probiert es mal aus!

Unterschenkel

Bei der Maus sind die beiden Unterschenkelknochen, das Schienbein und das Wadenbein, miteinander verwachsen.

Becken

Dies sind die gut erhaltenen Beckenknochen einer Maus. Unterhalb der ringförmigen Öffnung könnt ihr deutlich eine winzige, aber recht tiefe Ausbuchtung erkennen. Das ist die sogenannte „Gelenkpfanne“. Darin sitzt der kugelige Gelenkkopf des Oberschenkelknochens.

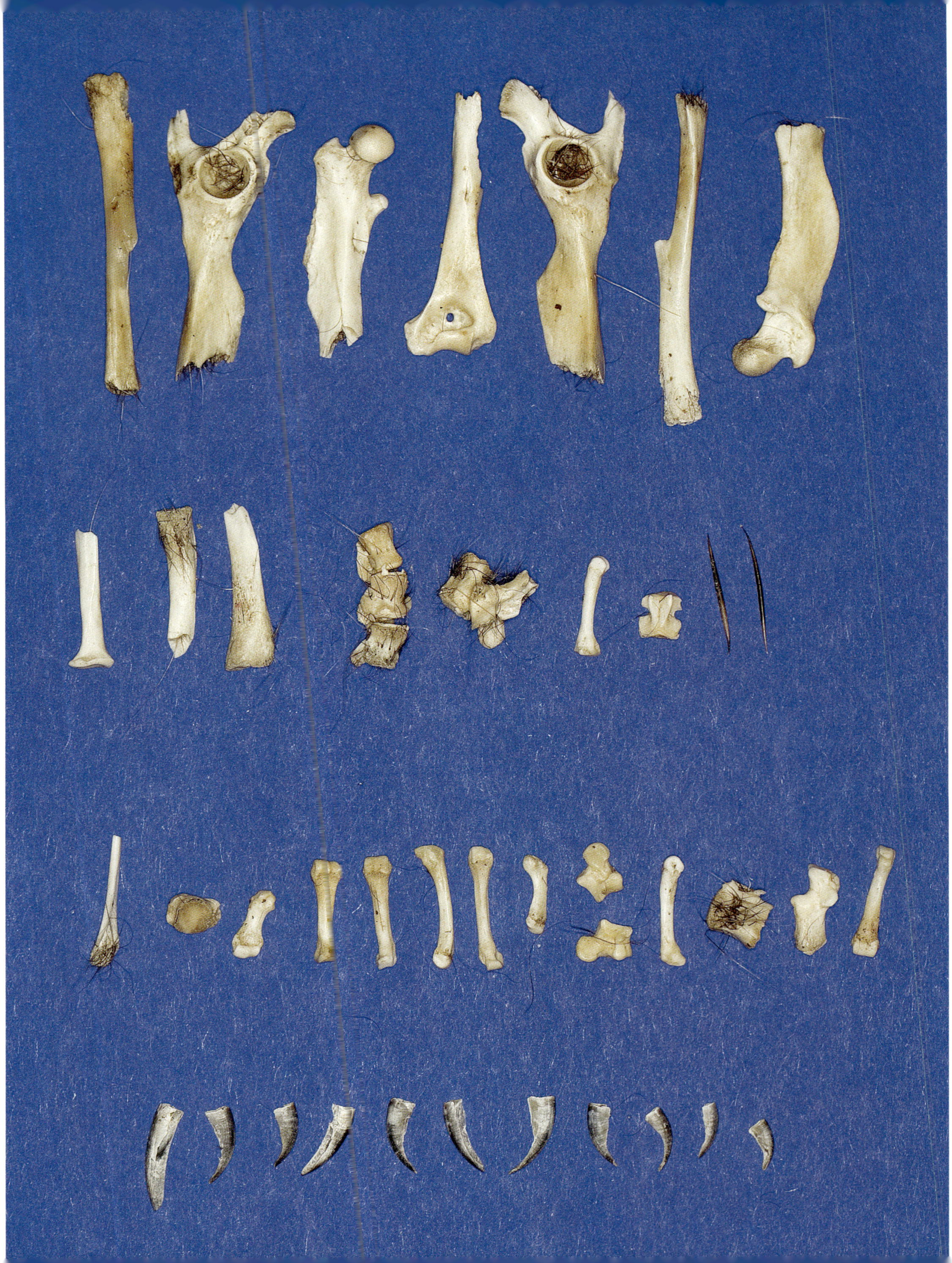

Was fängt der Uhu?

Auf diesem Foto könnt ihr genau erkennen, was dieser Uhu verspeist hat. Für eine Maus sind diese Knochen viel zu groß. Außerdem haben wir nicht einen einzigen Mäuseschädel darin gefunden! Der Uhu ist die größte Eule der Welt und kann mit weitaus größerer Beute als Mäusen fertig!

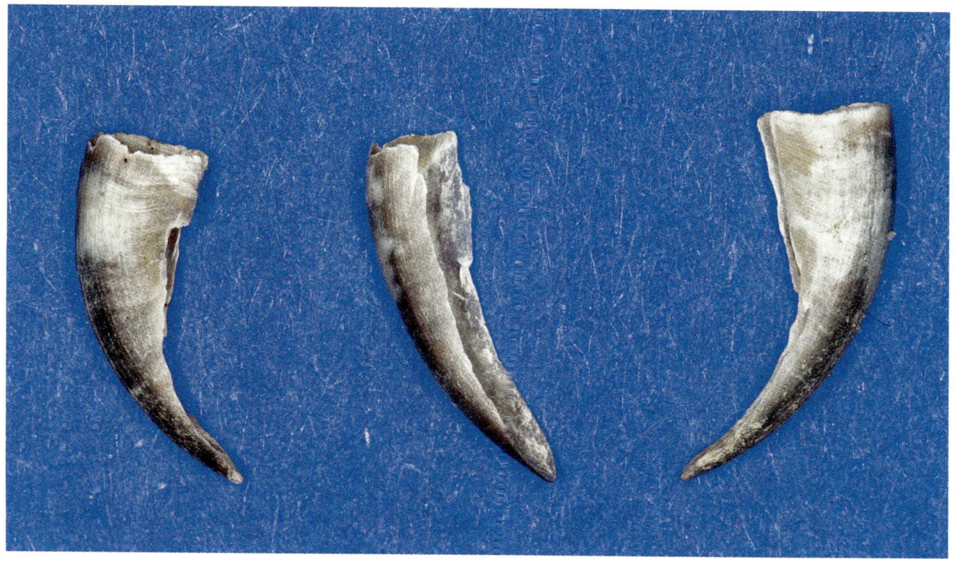

Krallen

Was ihr hier seht, das sind die Überreste von Krallen. Sie sind ungefähr einen halben Zentimeter lang und damit viel zu groß für Mäusekrallen.

Wirbelsäule

Dies sind einige Wirbel aus der Wirbelsäule seines Beutetieres.

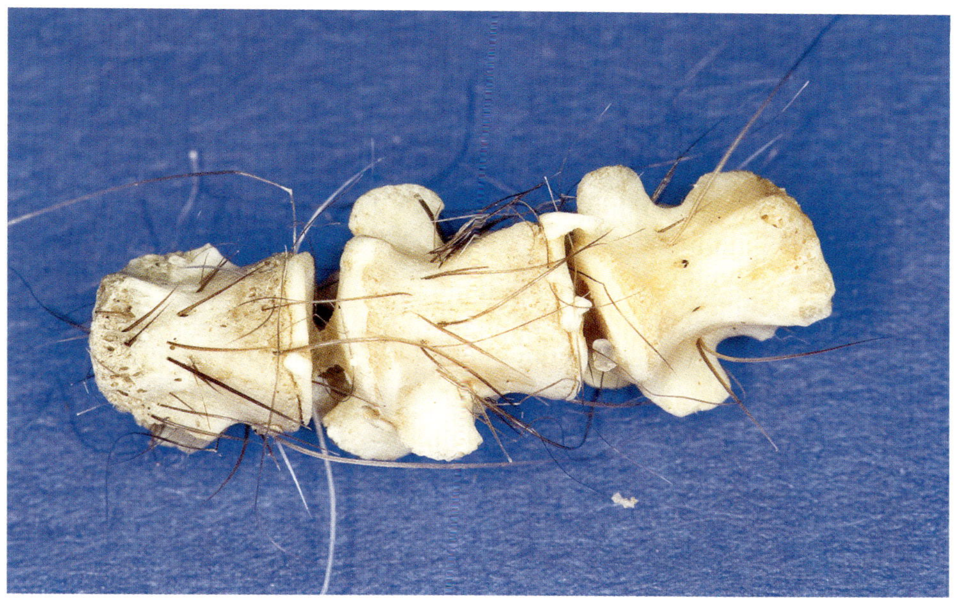

... und Stacheln!

Hier findet ihr die Lösung: Das sind Igelstacheln. Der Uhu hat versehentlich einige der spitzen Stacheln mit verschluckt. Tatsächlich haben sich viele Uhus darauf spezialisiert, Igel zu erbeuten!

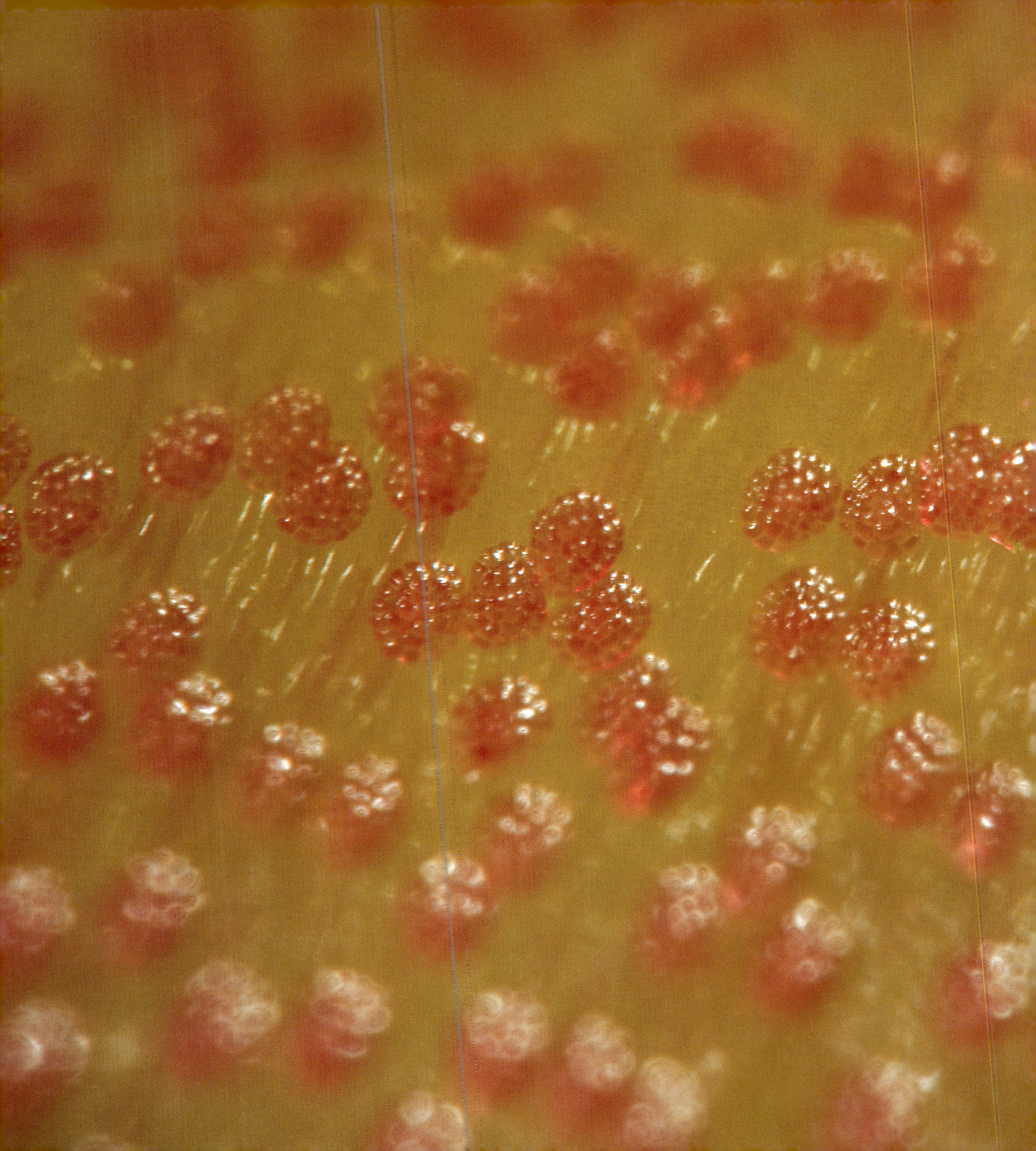

Gruselig und faszinierend: Fleischfressende Pflanzen

Das gibt es nicht nur in Gruselfilmen: Blätter, die ständig Hunger haben. Und zwar auf lebende Tiere! Manche dieser Pflanzen sind wenige Zentimeter klein – andere werden bis zu einem Meter groß. Aber keine Sorge: Die Fleischfresser, die wir euch zeigen, futtern weder Menschen noch eure Haustiere.

Das braucht ihr

Fleischfressende Pflanzen wie die Venusfliegenfalle, Sonnentau, Fettkraut oder Wasserschlauch.

Hier findet ihr euer Material

Ihr bekommt diese Pflanzen in Gärtnereien und oftmals sogar in Baumärkten. Achtet darauf, dass die Fallen noch saftig grün oder leuchtend rot (nicht angewelkt), unbeschädigt und geöffnet sind.

Aufgerissene Mäuler

Die Venusfliegenfalle wird etwa 20 cm groß und ist in Nordamerika zu Hause, als schön gruselige Zimmerpflanze wird sie aber auch gern bei uns gehalten. Außergewöhnlich sind ihre blitzschnellen Klappfallen, die funktionieren wie Tellereisen. Ihr findet sie am Ende der grünen lang gestreckten Blätter. Die Fangblätter sind oft rötlich gefärbt, von innen glänzen sie verlockend. Am Rand seht ihr lange Borstenhaare – sie greifen beim Schließen der Falle wie Finger ineinander und versperren den Beutetieren den Weg zurück nach draußen. Wie diese Fallen funktionieren, wollen wir uns unter der Lupe genauer anschauen.

Die schnellsten grünen Jäger

Venusfliegenfalle und Wasserschlauch sind die Spitzensportler unter den Pflanzen: Die Geschwindigkeiten ihrer Bewegungen sind absolute Höchstleistungen. So schließt z. B. die Venusfliegenfalle ihre Klappfalle in 1/20 Sekunde, und der Wasserschlauch erreicht sogar Spitzengeschwindigkeiten von 1/1000 Sekunde!

Wie sieht die Pflanze, dass Nahrung da ist?

Schaut ihr euch die Innenseite der Fangblätter bei 30-facher Vergrößerung an, so könnt ihr dort auf jeder Blatthälfte mehrere recht steife Borsten entdecken. Sie sind entweder durchsichtig oder rötlich gefärbt und je nach Größe der Falle 2 bis 3 mm lang. Berührt ein Tier diese Borsten, so senden diese sofort das Signal an die Pflanze: „Falle schließen!“

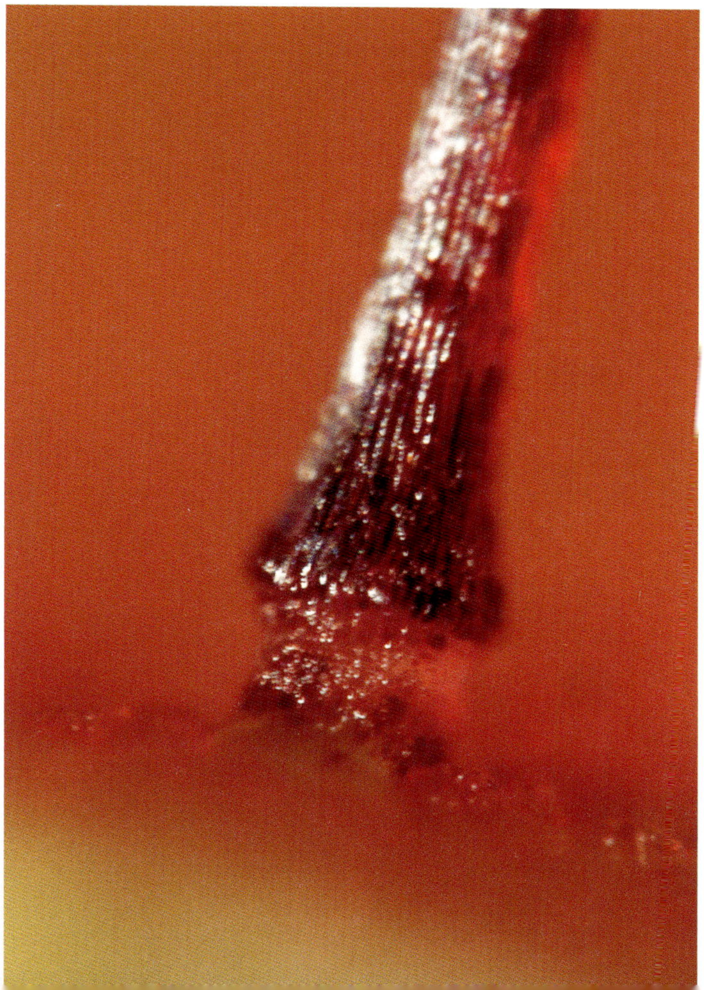

Unter dem Binokular könnt ihr ganz genau erkennen, wie diese Fühlborsten funktionieren: Ganz unten am Blattansatz ist ein weichhäutiger Fuß ausgebildet. Zwischen diesem „Fuß“ und der darauf sitzenden Borste seht ihr eine Furche. Biegt ihr nun mit einer Nadel das Fühlhaar in verschiedene Richtungen, so könnt ihr erkennen, dass es immer genau in dieser Furche nach allen Seiten hin abknickt – ohne dabei Schaden zu nehmen. Denn hier befindet sich ein flexibles Gelenk. Im Inneren dieser Gelenkfurche liegen hochsensible Sinneszellen, die den Reiz registrieren, weiterleiten, und schon nach Bruchteilen einer Sekunde wird der Klappmechanismus ausgelöst.

Ätzende Säfte

Ist ein Tier in der Falle gefangen, so sondert die Pflanze scharfe Verdauungssäfte ab. Diese lösen das Tier so weit auf, dass die Pflanze die verflüssigten Nährstoffe mit ihren Blättern aufsaugen kann. Woher die Verdauungssäfte kommen, ist sehr gut zu erkennen: Seht ihr die vielen, kleinen roten Pünktchen im Inneren der Falle? Nach unten zur Mitte der Falle hin stehen sie immer dichter und dichter. Unter dem Binokular seht ihr, dass jeder rote Punkt nochmals aus vielen kleineren Pünktchen zusammengesetzt ist. Was ihr hier seht, das sind die Verdauungsdrüsen der Pflanze, aus denen die Verdauungssäfte ausgeschieden werden und mit denen sie anschließend die verflüssigten Nährstoffe aus dem gefangenen Tier aufnimmt.

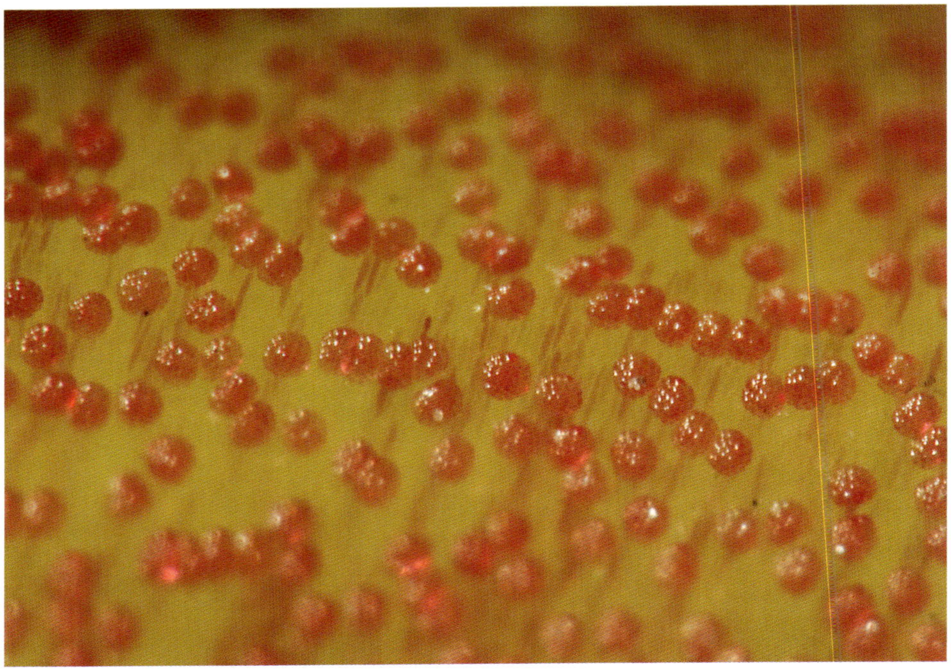

Gefangen

Je nach Größe der Beute erstreckt sich die Verdauung über 3 bis 10 Tage. Nun öffnet sich die Falle wieder. Von dem Tier sind nur noch unverdauliche Reste wie die Beine und die Körperhülle übrig geblieben. Sie werden vom Regen fortgeschwemmt oder vom Wind weggeweht. Nun ist die Falle wieder einsatzbereit.

Reizt die Falle!

Versucht einmal, die Venusfliegenfalle hereinzulegen, indem ihr die Fühlborsten mit einem Stift reizt. Was geschieht? Kaum berührt ihr die Borsten und wackelt den Stift etwas hin und her, schon klappt die Falle plötzlich blitzschnell zu! Doch sie schließt sich noch nicht ganz fest – ein kleiner Spalt bleibt zwischen den Randborsten offen. Warum ist das so? Die Pflanze nimmt sich nun etwa eine halbe Stunde Zeit, um zu überprüfen, ob sie eine lohnende Beute gefangen hat. Zu kleine Insekten könnten nun wieder hinausklettern, an ihnen hat die Pflanze kein Interesse. Sollte auch einfach nur ein kleiner Zweig in ihre Falle geraten sein, so würde es sich ja nicht lohnen, hierfür ihre wertvollen Verdauungssäfte zu opfern. Erst wenn sich nach dieser halben Stunde immer noch ein Insekt in der Falle bewegt, werden die Klappen ganz fest aufeinandergepresst. Ist das nicht der Fall, so öffnet sich die Falle meist nach 24 Stunden wieder.

Tipp

Dieser Versuch ist nicht beliebig oft wiederholbar – jede Falle kann nur zwei bis höchstens sieben Mal zuklappen und drei Mal ein Insekt verdauen, danach stirbt sie ab.

Klebriger Sonnentau

Fiese Klebfalle

Der Sonnentau ist eine bei uns heimische fleischfressende Pflanze. Er wird etwa 20 cm groß und kommt in Hochmooren vor. Die Blätter des Sonnentaus tragen lauter kleine, glitzernde und bewegliche Tentakeln, die aussehen wie klebrige Finger. Am Ende jeder Tentakel sitzt jeweils ein Tröpfchen zuckerhaltige Klebe.

Berührt ihr so ein Tröpfchen mit einer Nadel, so merkt ihr, dass es ein zähflüssiger Leim ist. Da dieser Leim einen für Insekten verlockenden Duft absondert, kommen sie gerne herbei, um davon zu naschen. Doch kaum berührt ein Tier das Tröpfchen, klebt es auch schon daran fest! Das bemerken sofort auch die benachbarten Tentakeln und biegen sich gierig zum Insekt. Je mehr es zappelt, desto mehr Tröpfchen berührt es mit seinem Körper und umso fester bleibt es daran kleben.

Das Blatt beginnt nun langsam, sich einzukrümmen, und drückt so das gefangene Tier in die Mitte. Nach einigen Stunden hat das Blatt das Tier schließlich komplett eingewickelt. Die Tentakeln sondern nun Verdauungssäuren ab, mit denen das Innere der Tiere sich auflöst und von den Tentakeln aufgenommen werden kann. Ist das Tier nach einigen Tagen fertig verdaut, so öffnet sich das Blatt wieder. Übrig bleiben nur unverdauliche Reste wie die Beine und die Körperhülle des Tieres.

Weltweit gibt es ca. 450 verschiedene fleischfressende Pflanzenarten. Sie nutzen zahlreiche verschiedene Fangmethoden.

Reizt den Sonnentau!

Berührt ihr die Tentakel des Sonnentaus mit einer Nadel oder Pinzette, so könnt ihr beobachten, dass die benachbarten Tentakeln darauf nicht reagieren! Das heißt, sie biegen sich nicht, um auch etwas von der „Beute" abzubekommen. Grund: Die Tentakel „riechen", dass die „Beute" kein Eiweiß enthält!

Verfressener Wasserschlauch

Saugfallen unter Wasser

Der Wasserschlauch kommt bei uns in nährstoffarmen Gewässern vor. Seine Blätter treiben unter Wasser und sehen unscheinbar grasartig aus. Auffällig sind daran nur die merkwürdigen Blasen. Diese ca. 1 cm großen Blasen sind raffinierte Fallen und warten nur darauf, von einem unvorsichtigen Wassertierchen berührt zu werden! Um Tierchen anzulocken, sondern die Blasen einen verlockenden Duft ab. Berührt ein Tier die feinen Borsten am Eingang der Falle, so schnappt in Bruchteilen einer Sekunde eine Falltür auf, und das Tier wird mit einem Schwall Wasser in die Blase hineingesogen. Das passiert so schnell, dass das Tier keine Chance hat, wieder hinauszuschwimmen. Diese Geschwindigkeit erreichen die Fallen dadurch, dass in ihrem Inneren ein enormer Unterdruck herrscht. Schnapp – schon schlägt die Falltür zu. Im Inneren der Blase werden nun Verdauungssäfte abgegeben, die das Tier nach und nach auflösen. Das Wasser, das mit dem Tier in die Blase gesogen wurde, wird von der Pflanze hinausgepumpt – so entsteht im Inneren der Blase wieder ein Unterdruck und die Falle ist bereit für den nächsten Einsatz.

Grausige Kannen

In den Tropen wachsen die sogenannten „Kannenpflanzen“. Diese Fleischfresser tragen Fallen, die aussehen wie krugförmige, mit Flüssigkeit gefüllte Kannen. Diese Kannen sind extrem stabil und können bis zu 70 cm groß werden. Darin fängt die Pflanze auch größere Tiere, von Mäusen über Vögel bis hin zu Ratten.

Ameisen entdecken und verstehen

Ameisen sind faszinierende und rätselhafte Tiere. Sie leben in großen, streng organisierten Staaten, an deren Spitze die Königin steht. Jedes Tier hat hier eine bestimmte Aufgabe zu erfüllen: Es gibt Kindergärtnerinnen, Arbeiterinnen und Soldaten. Doch in einem Ameisennest gibt es noch viel mehr zu entdecken!

Rote Waldameisen bauen einen bis über 2 m hohen Ameisenhügel, der durch unzählige Gänge gut belüftet ist. Unter der Erde ist der Bau noch einmal so groß: Hierhin ziehen sich die Ameisen im Winter zurück. Geht nicht zu nah an den Ameisenhügel heran. Rote Waldameisen sind wehrhaft und verspritzen brennende Ameisensäure!

An Wegrändern findet ihr häufig auch kleinere Ameisennester wie dieses von der Ernteameise. Beliebte Plätze bei Ameisen sind auch flach aufliegende Steine oder Holzhaufen am Boden.

Das braucht ihr

Eine Ameisenkolonie.

Hier findet ihr euer Material

Schaut an sonnigen Plätzen unter Steinen, loser Rinde, Brettern und Ästen am Boden – Ameisenstaaten gibt es fast überall zu entdecken!

Ameisen anlocken

Ameisen sind eigentlich überall zu finden, sogar mitten in den Städten. Wollt ihr Ameisen anlocken, um sie zu beobachten, so müsst ihr nur einen schwarzen Plastikeimer an einem sonnigen bis halbschattigen Platz umgedreht auf ein Stück Rasen oder Erde stellen. Gut funktioniert auch eine Baumscheibe. Schon nach wenigen Wochen sind mit etwas Glück Ameisen hier eingezogen, und ihr könnt sie in aller Ruhe beobachten!

Straff organisiert

Unter den Arbeiterinnen im Ameisenstaat herrscht eine strenge Aufgabenteilung: Entweder sie kümmern sich um die Pflege von Eiern, Larven und Puppen, sind für den Aus- und Umbau des Ameisenbaus verantwortlich, verteidigen den Ameisenstaat oder müssen Futter für den Nachwuchs herbeischleppen.

Mit dünner Taille

Der Körper von Ameisen ist von einem festen Panzer umgeben und in drei Abschnitte unterteilt: Kopf, Brust und Hinterleib. Zwischen Brust und Hinterleib liegt eine sehr enge Einschnürung: die typische Ameisentaille. Ameisen haben wie alle Insekten sechs Beine.

Essbesteck und Waffe

Vorn am Kopf sitzen zwei lange, abgeknickte Antennen. Sie dienen Ameisen zur Orientierung. Die zwei schaufelförmigen Kieferzangen am Mund tragen spitze Zähnchen und sind Multifunktionswerkzeuge: Damit transportieren die Tiere Beute und Nistmaterial oder bringen ihren Nachwuchs bei Störung in Sicherheit; außerdem nützt er ihnen als Essbesteck zum Zerkleinern von Nahrung sowie zum Kämpfen mit Feinden.

Oft finden heftige Kämpfe zwischen Ameisen benachbarter Völker statt. Dabei unterscheiden sich die Tiere anhand des Geruchs voneinander – jeder Ameisenstaat riecht anders!

Ameisen erbeuten viele verschiedene Insekten. Größere Opfer wie hier ein Marienkäfer werden gemeinsam überwältigt und in den Bau transportiert.

Ameisen sind bärenstark. Sie können locker das 20-Fache ihres eigenen Körpergewichts schleppen. Das wäre so, als würdet ihr ein 400–500 kg schweres Teil alleine transportieren.

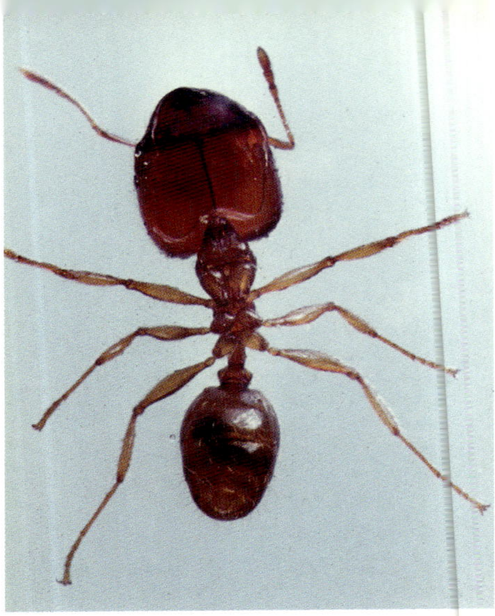

Soldaten …

Soldaten haben große Köpfe und besonders stark vergrößerte Kieferzangen zur Verteidigung ausgebildet. Sie sind dazu da, den Ameisenstaat gegen Feinde zu verteidigen. Außer ihren Kieferzangen haben sie noch eine weitere wirkungsvolle Waffe: Sie können mit dem Hinterleib ätzende Ameisensäure auf ihre Angreifer spritzen. Damit vertreiben sie sogar angreifende Schlangen! Besonders stattliche Soldaten finden sich bei der in warmen Sandgebieten beheimateten Soldatenameise.

… mit Eiern

… mit Larven

Arbeiterinnen …

Die Arbeiterinnen kümmern sich fürsorglich um die Eier, Larven und Puppen. Unermüdlich transportieren sie die unterschiedlichen Entwicklungsstadien in verschiedene Teile des Baus, sodass sie stets optimalen Temperatur- und Feuchtigkeitsbedingungen zur Entwicklung ausgesetzt sind. Jede Larve wird einzeln gefüttert. Außerdem müssen Eier, Larven und Puppen regelmäßig beleckt werden, damit sie nicht austrocknen und sich keine Pilze darauf ansiedeln können.

… mit Puppen

Die kleineren geflügelten Tiere sind die Männchen, das größere ein Weibchen.

Haben Ameisen Flügel?

Ja, aber nur manche! Und zwar nur die Männchen und die jungen Königinnen. Sie verlassen im Mai in großen Schwärmen den Ameisenbau und suchen sich ebenfalls geflügelte Partner aus anderen Ameisenstaaten, um sich zu paaren. Jede Königin wird nur ein einziges Mal in ihrem Leben begattet. Der Vorrat an Spermien reicht ihr ganzes Leben lang! Nach dem Hochzeitsflug sterben die Männchen, die Jungköniginnen werfen ihre Flügel ab und gründen mit den befruchteten Eiern in ihrem Bauch an anderer Stelle einen neuen Ameisenstaat.

… Königin

Eine Königin erkennt ihr an ihrer Größe und an ihrem prallen Hinterleib – sie ist mit gut 1 cm Länge ungefähr doppelt so groß wie die Arbeiterinnen. Ihr Bauch ist gefüllt mit Eiern. Die Aufgabe einer Königin besteht ausschließlich darin, sich bedienen zu lassen und Eier zu legen. Eine Königin kann 30 Jahre alt werden!

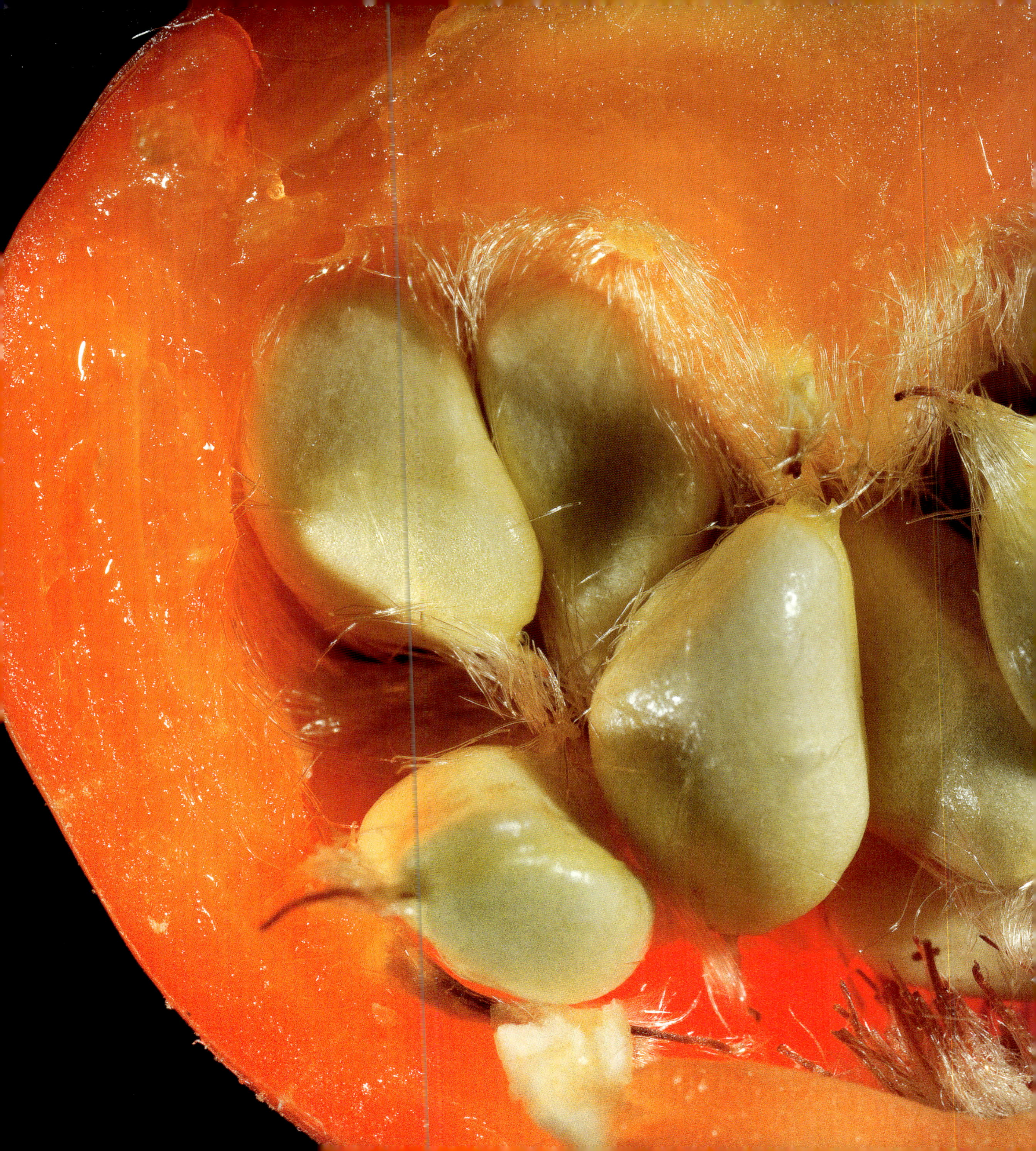

Juckpulver, Knallerbsen und Nasenzwicker

Im Herbst findet ihr überall an Wegrändern, in Wäldern und auf Wiesen Millionen reifer Früchte. Blumen, Bäume und Sträucher wollen jetzt ihre Nachkommenschaft möglichst weit verbreiten und haben sich dazu faszinierende Tricks ausgedacht. Etliche Früchte gleiten mit Fallschirmen in eleganten Segelflügen über viele Kilometer dahin, viele lassen sich von Tieren verschleppen und manche explodieren mit einem plötzlichen Knall.

Das braucht ihr

Viele verschiedene Früchte wie Hagebutten, Kletten, Zapfen, Samen, etc. und einen Sammelbeutel.

Hier findet ihr euer Material

Von September bis in den Winter hinein findet ihr die verschiedensten Früchte und Samen an Weg- und Waldrändern, Gewässerufern, in Gärten und auf Wiesen.

Plump und schwer

Apfelbäume, Kastanien, Eichen und Buchen produzieren im Herbst eine verschwenderische Fülle an Früchten. Sie sind plump und schwer und heißen deshalb tatsächlich „Plumpsfrüchte". Doch direkt unter dem Mutterbaum ist meist kein guter Platz zum Keimen, denn hier ist es zum Wachsen für einen jungen Baum meist zu dunkel. Deshalb sind die Plumpsfrüchte darauf angewiesen, von Tieren wegtransportiert zu werden. Vögel, Wildschweine und Mäuse sind ihre kostenlosen Taxis: Zwar futtern sie auch viele Früchte, sie verlieren aber immer auch welche und vergessen Teile ihrer Vorräte. Diese verlorenen, und vergessenen Plumpsfrüchte können daher keimen und zu neuen Bäumen heranwachsen.

Reife Frucht der Buche (Buchecker)

Der Eichelhäher verschleppt im Herbst Hunderte von Eicheln und versteckt sie für den Winter in kleinen Erdlöchern. Jene, die er vergisst, wachsen zu neuen Eichen heran.

Fliegen mit Fallschirm

Wer fliegen kann, der kommt am weitesten! Schaut euch mal um, und ihr werdet ganz viele Blumen, Bäume und Sträucher entdecken, deren Samen mit winzigen Fallschirmen ausgestattet sind! Die bekannteste von ihnen ist natürlich der Löwenzahn mit seiner „Pusteblume".

Hunderte von Löwenzahn-Blumenkinder gehen auf die Reise.

Der Rohrkolben am Seeufer entlässt im Herbst Millionen winziger Fallschirmflieger!

Die Samen vom Rohrkolben sind so klein, dass sie in der dichten Watte kaum zu sehen sind. Unter dem Binokular erkennt ihr, dass sie den Löwenzahn-Fallschirmfliegern ganz ähnlich sehen.

Auch das häufige Weidenröschen schickt im Spätsommer Millionen von Flugsamen auf die Reise. Auf dem Foto hängen sie noch wie Wattebäusche an der Mutterpflanze.

So sehen die Flugsamen des Weidenröschens von Nahem aus.

Die Samen vom Löwenzahn stecken fest im kugeligen Blütenboden. Erst wenn sie reif sind, lösen sie sich ab und fliegen mit ihren Fallschirmen auf und davon.

So sieht der Fallschirm des Löwenzahn-Samens unter dem Binokular aus.

Kostenlose Flüge

Ein leichter Windhauch genügt, und die Löwenzahn-Samen gehen ausgerüstet mit federleichten Fallschirmchen auf die Reise. Durchschnittlich werden die Samen so 10 km weit transportiert.

Auch Disteln produzieren große Mengen an Fallschirmfliegern.

Reise ins Ungewisse: Die kleinen Fallschirmflieger werden mit dem Wind verdriftet und können nicht bestimmen wo sie landen.

Viele kleine Segelflieger

Tannen und Fichten verstecken ihre Samen zwischen den Schuppen ihrer Zapfen. Pult mal so einen Zapfen auseinander: Wo sind die Samen versteckt? Aus jedem der kleinen Samen kann wieder ein kompletter Baum heranwachsen.

Eichhörnchen wissen genau, wo im Fichtenzapfen die nahrhaften Samen versteckt liegen!

Erst wenn die Samen im Fichtenzapfen reif sind, breiten sich die Schuppen weit auseinander und geben sie frei.

Fichtensamen tragen einen einzigen Flügel. So drehen sie sich beim Fall zur Erde immer um ihre eigene Längsachse.

Lasst Propeller fliegen

Sammelt möglichst viele verschieden geflügelte Arten von Baumsamen, werft sie hoch in die Luft und vergleicht ihr Flugverhalten: Wer segelt gemächlich dahin, wer dreht sich wie ein Propeller? Und welcher Same fliegt am weitesten?

Birkensamen gleiten wie Segelflugzeuge mit zwei hauchdünnen Flügeln zu Boden.

Ahornfrüchte bestehen aus zwei Hälften: Jede trägt einen Samen und einen Flügel.

Mit Engelsflügeln

Hat ein Same wie bei der Birke gleich zwei Flügel ausgebildet, so liegt der Schwerpunkt im Zentrum, und der Same schwebt so leicht durch die Luft wie ein Segelflugzeug.

Beim Ahorn sind stets zwei Samen miteinander verwachsen – jeder davon trägt einen Flügel. Sind die Früchte im Herbst reif, so trudeln sie zu Boden wie ein Propeller. Dabei schaffen sie pro Sekunde bis zu 16 Umdrehungen. Der Wind hilft den Mini-Hubschraubern, noch weiter zu fliegen. So schafft es ein Ahornbaum, mit seinen Früchten die Größe eines Fußballfeldes um sich herum abzudecken.

Da ist Juckpulver drin

Rosensträucher streuen ihre Samen nicht einfach aus – sie geben sich viel Mühe und verpacken ihre Samen in einer vitaminreichen, saftigen und leuchtend roten Frucht: der Hagebutte. Im Winter hängen Hagebutten oft noch als einzige Früchte an den Sträuchern und sind dann ein begehrtes Winterfutter bei Vögeln. Die Vögel futtern die ganze Frucht, die harten Samen scheiden sie aber mit ihrem Kot wieder aus. Und dort können die Samen wieder zu einem neuen Rosenstrauch heranwachsen. Der Rosenstrauch benutzt die Vögel also als Taxi und bezahlt mit der vitaminreichen Hagebutte.

Die Früchte von Rosensträuchern heißen Hagebutten.

Das Innere der Hagebutte ist hohl. Darin liegen viele kleine weißliche Nüsschen. Ihr seht schon unter der Lupe, dass ganz viele Härchen daran hängen.

Jedes Nüsschen aus dem Inneren der Hagebutte besitzt viele dieser feinen Härchen. Berühren die Härchen empfindliche Haut, so beginnt diese sofort zu Jucken.

Juckpulver selbst gemacht

Früher machten wir Kinder das so: Wir ritzten mit dem Fingernagel Hagebutten auf, pulten die Nüsschen mit den vielen Härchen aus dem Inneren und steckten sie uns gegenseitig in den Nacken. Das juckt wirklich fürchterlich!

Ameisenbrötchen

Manche Blumen wie Schneeglöckchen, Stiefmütterchen und Schöllkraut haben sich einen Trick ausgedacht, damit Ameisen Lust bekommen, ihre wenig schmackhaften, harten Samen zu verbreiten: Sie produzieren extra verlockend duftende, saftige, nährstoffreiche Anhängsel an ihren Samen. Ameisen schleppen die Samen mit den leckeren Anhängseln zu ihrem Bau, futtern hier die „Brötchen“ ab und transportieren den Samen wieder aus ihrem Bau hinaus. Manchmal knabbern sie die Anhängsel auch schon auf dem Weg zum Bau ab und lassen die Samen dann liegen. Wo der Same landet, kann daraus eine neue Pflanze hervorsprießen.

Blühendes Schöllkraut

Ameisenbrötchen: Die weißen Anhängsel an diesen Samen sind extra für Ameisen bestimmt!

Lästige Kletten

Die Große Klette bildet Früchte aus, die man so schnell nicht vergisst: Im Vorbeistreifen heften sie sich an Haaren und Kleidung fest und lassen sich nur schwer wieder entfernen.

Im Herbst ist die Klette braun und trocken. Die stacheligen Spitzen sind jetzt an der Spitze eingekrümmt.

Erfinder der Klettverschlüsse

Der Schweizer Ingenieur Georges de Mestral ärgerte sich nach Spaziergängen mit seinem Hund so über die lästigen Kletten im Fell seines Tieres, dass er sie genauer unter die Lupe nahm. Daraus entwickelte der pfiffige Hundebesitzer 1951 den ersten textilen Klettverschluss!

Unterhalb der lila Klettenblüte könnt ihr schon die stacheligen, grünen Hüllblätter erkennen.

Mit den hakig gebogenen Spitzen bleiben Kletten im Fell von Tieren und in menschlicher Kleidung hängen. Da sie nicht starr sind, sondern sehr biegsam, lassen sie sich nur äußerst schwer wieder entfernen! Je mehr man zieht, desto mehr verheddern sich die Widerhaken in Haaren und Kleidung.

Achtung – schwach giftig!

Was die meisten leidenschaftlichen Knallerbsen-Knaller knallen nicht wissen: Die Früchte sind schwach giftig, also unbedingt nach jedem Kontakt gründlich die Hände waschen!

Knallerbsen

Wirft man die Früchte der Schneebeere fest auf den Boden oder tritt man darauf, so zerplatzen sie mit einem schönen lauten Knall. Deshalb kennen die meisten Kinder sie auch unter dem Namen „Knallerbse" oder „Knackerbse". Doch warum knallt die Knallerbse eigentlich?

Schneebeeren-Sträucher tragen ihre schneeweißen „Knallerbsen" bis in den Winter hinein.

Schneidet eine Knallerbse in der Mitte durch und schaut sie euch unter dem Binokular an. Das Innere ist mit einem weichen, schwammigen Gewebe ausgefüllt. Darin eingebettet liegen zwei weißliche Samen. Im Gegensatz zum weichen Inneren ist die Schale der Schneebeere prall und fest – so wie die Außenhülle eines Luftballons. Zerreißt die Hülle mit einem Ruck, so platzt auch sie mit einem Knall – wie ein Luftballon.

Die explodieren!

Eine ganz außergewöhnliche Methode zur Verbreitung der Samen haben sich die Springkräuter ausgedacht: In ihren Früchten steigt der Druck der Zellsäfte mit zunehmender Reife immer weiter an, bis die Früchte schließlich ganz prall aussehen. Dann urplötzlich platzt die Frucht an vorgebildeten Nähten auf, und die Samen werden durch die Explosion mehrere Meter weit fortgeschleudert. Dieses Aufplatzen lässt sich auch leicht herbeiführen, indem man reife Früchte berührt oder ein bisschen darauf herumdrückt.

Heimische Springkräuter wachsen an Waldrändern, blühen gelb und werden etwa kniehoch. Das bei uns seit einigen Jahren eingebürgerte Indische Springkraut wächst an Gewässerufern, wird über 2 m hoch und blüht pinkfarben.

Berührt mal die reifen Früchte eines Springkrauts mit den Fingerspitzen: Urplötzlich platzen sie auf, es kribbelt lustig in den Fingern, und die schwarzen Samen werden herausgeschleudert wie Gewehrkugeln!

Im Gegenlicht seht ihr die Samen durch die Fruchtwand der Springkraut-Frucht schimmern.

So sieht eine explodierte Springkraut-Frucht aus: Ihre Samen hat sie hinausgeschleudert, die Fruchtwand ist in mehrere Einzelteile aufgeplatzt und spiralig aufgerollt.

In der Mohnkapsel entwickeln sich die Mohnsamen.

Pfefferstreuer

Das Prinzip des Pfefferstreuers haben Blumen wie der Mohn erfunden: Im Herbst ist aus ihrer Blüte eine Kapsel mit lauter kleinen Schlitzen unterhalb des Deckels geworden. Durch den sehr langen elastischen Stängel, auf dem die Kapsel sitzt, werden die leichten Samen bei Wind aus den Schlitzen ausgestreut. Auch wenn Tiere am Stängel vorbei streifen, werden beim Zurückschleudern des Stängels immer einige Mohnsamen aus der Kapsel hinausbefördert.

Auch die Samen der Lichtnelke liegen in einer Kapsel, aus der sie nach und nach ausgestreut werden. Anders als beim Mohn ist ihre Kapsel jedoch oben offen. Bei feuchtem Wetter quillt der Rand der Kapsel auf und schließt sich.

Schaut euch mal Samen verschiedener Blumen unter dem Binokular an. Ihr werdet feststellen, dass Samen keinesfalls einfache, glatte und runde Körnchen sind! Hier seht ihr das Samenkorn einer Lichtnelke.

Nachwuchs im Überschuss

Eine einzige Mohnpflanze produziert in einem Sommer in ihrer Kapsel bis zu 20 000 Samen. Aus jedem Samenkorn kann, wenn es auf einem guten Platz landet, eine neue Mohnpflanze werden.

Leben unter unseren Füßen

Der Boden ist ein wertvoller Lebensraum für unzählige kleine Tiere. So sind unter unseren Füßen, auf nur einem Quadratmeter Wald- oder Wiesenboden viel mehr Tiere zu Hause, als es Menschen auf der ganzen Welt gibt. Die meisten sind winzig klein und von unschätzbarem Wert: Sie alle sorgen dafür, dass Laub, morsches Holz und andere Pflanzenabfälle abgebaut und zersetzt werden, sodass wieder wertvoller Humus mit all den wichtigen, Pflanzen verfügbaren Nährstoffen daraus wird. Jedes einzelne Tier hat hier seine ganz bestimmte Aufgabe zu erfüllen. So funktioniert unser Boden mit seinen unzähligen emsigen Arbeitern wie eine riesige perfekte Müll-Recyclinganlage. Doch wo viele Pflanzenfresser grasen, da sind auch die Räuber niemals weit …

Das braucht ihr

Schaufel und Sammelgläschen zum Anschauen und zum Transport der Tiere.

Hier findet ihr euer Material

Im Waldboden, unter Rinde und Totholz, zwischen Laub und unter Steinen.

Mauerassel

Wenn ihr ein Stück lose Rinde oder morsches Holz anhebt, so findet ihr darunter bestimmt Mauerasseln! Ihr erkennt sie leicht an ihren flachen Körpern, der von 7 starren, gegeneinander beweglichen Panzerplatten bedeckt ist. Dreht ihr eine Assel um, so seht ihr, dass sie auch genau 7 Beinpaare besitzt. Asseln zählen zu den sogenannten Erstzersetzern unter den Bodentieren. Mit ihren Mundwerkzeugen sind sie in der Lage, grobes, feuchtes Pflanzenmaterial zu zerkleinern und so für die nächstkleineren Zersetzer vorzubereiten. Nur die Blattrippen können Asseln nicht zerkauen, deshalb sind „skelettierte" Blätter am Waldboden ein untrügliches Zeichen für die Tätigkeit von Asseln.

Tipp

Je trockener das Wetter, desto tiefer müsst ihr nach Asseln graben, da sich die feuchtigkeitsliebenden Tiere mit zunehmender Trockenheit in tiefere Bodenschichten zurückziehen.

Saftkugler

Saftkugler sind 1–2 cm groß und den Mauerasseln ähnlich. Sie sind glänzend schwarz mit hell gesäumten Rückenschilden. Wenn ihr die Tiere umdreht, seht ihr aber, dass sie viel mehr Beine haben als eine Assel: Es sind zwischen 17 und 19 Beinpaare! Saftkugler zersetzen genau wie Asseln die Laubstreu im Wald. Durch ihr Gewühl im Boden tragen sie außerdem entscheidend zur Belüftung der oberen Bodenschichten bei. Bei Gefahr rollen sich Saftkugler zu einer kleinen festen Panzerkugel zusammen, die gut gegen kleinere Fressfeinde geschützt ist. Nicht selten rollt die Kugel flink in die nächste Bodenritze – viel schneller, als das Tierchen mit seinen kurzen Beinen laufen könnte. Und weg ist es!

Schnurfüßer

Schnurfüßer werden 1–5 cm lang und sind drehrund wie eine Schnur. Ihr Körper ist sehr fest und besteht aus vielen, schmalen Körperabschnitten (Segmenten). Jeder Körperabschnitt trägt 4 Beine, sodass manche Tiere bis zu 130 Beinpaare besitzen und aussehen wie eine flink krabbelnde Schnur. Bei Gefahr rollen sie sich zu einer Spirale zusammen und sondern ein säurehaltiges Abwehrsekret aus. Schnurfüßer halten sich im Boden, zwischen Laub oder in morschem Holz auf. Ihre Nahrung besteht aus verwesenden Blättern, Holz und Aas.

Bandfüßer

Der bis 2,5 cm lange Bandfüßer trägt wie der Schnurfüßer an jedem Körperring 2 Beinpaare, doch ist sein Körper im Gegensatz zum Schnurfüßer flach. Typisch sind seine an den Seiten noch ausgezogenen Rückenplatten. Der Bandfüßer ernährt sich hauptsächlich von Pilzen, außerdem von Laubstreu. Das Weibchen des Bandfüßers baut für sein Eigelege eine ordentliche Kammer, welches es nach der Eiablage mit einem Deckel versieht.

Kugelspringer

Die kleinen rundlichen Kugelspringer besitzen eine kräftige Sprunggabel, mit der sie im Erdboden umherhüpfen wie winzige Stabhochspringer. In Ruhestellung klappen die Tiere ihre Sprunggabel unter den Körper. Mit ihrer Körpergröße von nur 1–2 mm sind Kugelspringer leicht zu übersehen. Ihre Nahrung besteht hauptsächlich aus Blättern. Nachts verstecken sie sich gern in Moospolstern.

Doppelschwanz

Räuberische Doppelschwanz-Arten tragen am Hinterleib eine kräftige Kneifzange: Damit packen sie ihre Opfer.

Doppelschwänze sind höchstens 1 cm große, bleiche Bewohner kleiner, feuchter Erdlücken und Moospolster. Da sie sich praktisch nie im Tageslicht aufhalten, brauchen sie auch keine Augen – Doppelschwänze sind vollkommen blind. Ihre Nahrung besteht aus feinen Pilzfäden, die sie im Boden, in morschem Holz und in der Laubstreu finden. Räuberische Arten erbeuten kleine Insekten und Würmer.

Erdläufer

Erdläufer sind gelbliche, dünne und sehr lange Bodentiere mit rund 50 Beinpaaren. Durch ihre lange, schmale Gestalt passen sie in kleinste Ritzen im Erdreich, wo sie kleine Bodentiere aufstöbern und verspeisen. Ihre Spezialität ist aber die Jagd auf Regenwürmer: Sie verfolgen die Tiere bis tief hinunter in ihre Gänge, wo sie sie umschlingen und verspeisen.

Steinkriecher

Der Steinkriecher ist in Gärten, Parks und Wäldern zu Hause und überall häufig anzutreffen. Am häufigsten findet ihr ihn, wenn ihr morsches Holz oder Steine anhebt. Der Steinkriecher ist nämlich lichtscheu und kommt nur nachts aus seinen dunklen Verstecken gekrochen. Fasst das Tier nicht an – unter seinem Kopf verbirgt es zwei mächtige Zangen, mit denen es auch Menschen schmerzhaft beißen kann. Seine Nahrung besteht aus Bodenlebewesen wie Asseln, Insekten und Spinnen, die der Steinkriecher in der Dunkelheit mithilfe seiner langen, sensiblen Antennen aufstöbert.

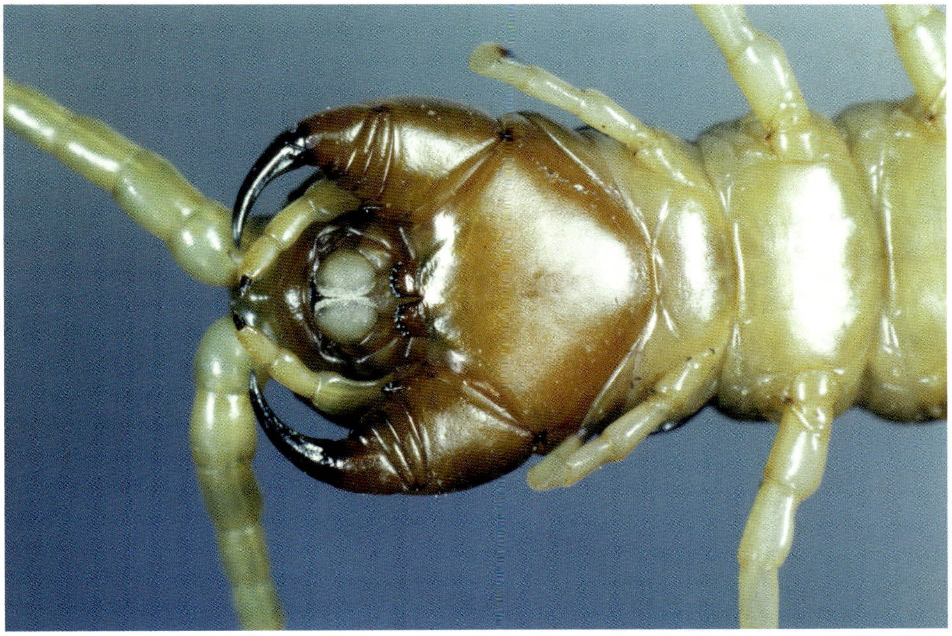

Mit seinen Kieferzangen kann der Steinkriecher auch Menschen schmerzhaft zwicken.

Was krabbelt und sticht in Haus und Haar?

Wo auch immer ihr seid: Unsere Umwelt ist stets und überall voller winziger, spannender Lebewesen, und jedes davon lohnt, genauer unter die Lupe oder unter das Binokular genommen zu werden! Ob draußen vor der Haustür, in der Küche, im Badezimmer oder in der Zimmerecke – es gibt praktisch keinen Ort auf dieser Welt, der nicht voller Mikroorganismen wäre – ihr müsst sie nur entdecken! Tatsächlich gibt es so viel Spannendes zu entdecken, dass wir euch unmöglich alles in diesem Buch vorstellen können. Auf diesen Seiten möchten wir euch nun noch einige Beispiele zeigen, die euch ermutigen sollen, dem faszinierenden Mikrokosmos des Lebens stets und überall auf der Spur zu bleiben!

Das braucht ihr

Schaufel und Sammelgläschen, offene Augen, Neugier und Geduld.

Hier findet ihr euer Material

Überall, wo auch immer ihr seid.

Ungefährlich und sogar nützlich

Bücherskorpione leben in unseren Häusern: Am liebsten halten sie sich in Büchern und unter Tapeten auf – überall da, wo es schön eng und trocken ist. In freier Natur findet ihr sie unter Baumrinde und zwischen trockenem Falllaub. Aber keine Angst: Die 3–5 mm kleinen Tierchen sehen echten Skorpionen zwar ähnlich, sind aber nur entfernt mit ihnen verwandt. So fehlt ihnen der gefürchtete Giftstachel am Hinterleib. Für uns Menschen sind Bücherskorpione überhaupt nicht gefährlich, da sie mit ihren winzigen Scheren menschliche Haut nicht durchdringen können. Das wollen sie auch gar nicht, denn zu ihrer Beute zählen viel kleinere Wesen, wie etwa die mikroskopisch kleinen Staubläuse und Hausstaubmilben, aber auch lästige Bettwanzen und Flöhe. Damit ist der Bücherskorpion ein echter Nützling im Haushalt!

Blutsauger auf Kinderköpfen

Kopfläuse treten immer wieder regelmäßig in Kindergärten und Schulen auf. Wer Kopfläuse hat, der muss sich oft am Kopf kratzen: Ihre Stiche fühlen sich an wie Mückenstiche. Tatsächlich stechen Kopfläuse auch genau wie die Mücken; nämlich mit einem Stechrüssel. Da sie ihren Rüssel aber nur bei Bedarf ausstrecken, ist er bei der Laus anders als bei der Mücke nur selten zu sehen. Kopfläuse sind übrigens kein Grund, sich zu schämen: Ein Befall hat nichts mit mangelnder persönlicher Hygiene zu tun! Wo Kinder tuscheln oder ihre Köpfe zusammenstecken, da wandern die agilen Tierchen einfach „von Kopf zu Kopf". Springen oder fliegen können die Kopfläuse aber nicht! Das könnt ihr leicht an ihrer Gestalt unter dem Binokular erkennen: Läuse sind dazu gemacht, geschickt in Haaren herumzukrabbeln; genau dafür dienen ihre auffallenden Greifklauen.

Tipp

Wie man Kopfläuse wieder loswird und viele spannende Infos rund um die Laus findet ihr unter www.kopflaus.ch!

Läuse kleben ihre Eier mit sehr klebrigem Leim an den Kopfhaaren fest. Diese Eier heißen in der Fachsprache „Nissen". Nach einer Woche schlüpfen aus den Nissen junge Kopfläuse. Im Alter von 10 Tagen sind sie schließlich erwachsen und können eigene Eier legen. Eine Laus lebt 3–4 Wochen lang und legt in dieser Zeit rund 100 Eier.

Kleine Vampire in Polstern

Flöhe erkennt man leicht an ihren seitlich flach zusammengedrückten Körpern, den fehlenden Flügeln und den enorm langen Hinterbeinen. Damit können die Tiere bis zu 1 m weite Sprünge vollführen. Flöhe saugen vorzugsweise das Blut von Tieren (z. B. von Hunden, Katzen, Hamstern, Ratten, Igeln und Vögeln), machen aber auch vor Menschen nicht halt. Ihre Stiche sind leicht zu erkennen, da fast immer mehrere Stiche dicht beieinanderliegen. Das liegt daran, dass die Tiere sich immer erst ein passendes Blutgefäß zum Anzapfen suchen müssen. Da Flöhe ernste Krankheiten übertragen können, muss bei Flohbefall die Wohnung gründlich gesäubert und mit Insektiziden behandelt werden. Und zwar insbesondere Polstermöbel, Matratzen, Ritzen in Böden und Teppiche: Denn hier halten sich die Tiere bevorzugt auf und kommen nur nachts kurz hervor, um Blut zu saugen. Dabei kommt ein Floh locker ein Jahr lang ohne Nahrung aus!

Lauert nachts am Bett

Bettwanzen sind 5–8 mm kleine, birnenförmige Tierchen mit sechs Beinen. Die Plagegeister sind auf dem Vormarsch, und wer die Tiere erst einmal bei sich wohnen hat, der wird sie so schnell nicht wieder los. Die wenigsten denken wohl an Bettwanzen, wenn sie morgens mit Stichen an Armen, Beinen oder im Gesicht aufwachen. Von den Tierchen ist auch nichts zu sehen, da sie sich tagsüber in Bettritzen und hinter Tapeten verstecken. Erst nachts kommen sie, angelockt durch die Wärme des menschlichen Körpers, aus ihren Verstecken, um Blut zu saugen. Am ehesten ist ein Befall anhand ihres süßlich-muffigen Geruchs auszumachen, denn Wanzen scheiden regelmäßig unangenehme Duftsekrete aus.

Lichtscheue Wesen im Badezimmer

Silberfischchen sieht man meist schnell weghuschen, wenn man abends Küche oder Badezimmer betritt und das Licht einschaltet. Wirklichen Schaden richten die 1 cm langen Tierchen nicht an, denn sie ernähren sich hauptsächlich von Milben, Hautschuppen, Haaren und Schimmelpilzen, durchaus aber auch von Kleister, Tapeten oder Vorräten. Ihren Namen bekamen sie, weil ihr ganzer Körper wie bei Fischen von silbrig glänzenden Schuppen bedeckt ist. An den sechs Beinen erkennt ihr aber, dass es ein Insekt ist. Typisch für Silberfischchen sind ihre langen Antennen und ihre drei Schwanzanhänge.

So fängt man Silberfischchen

Gar nicht so einfach, die flinken Gesellen zu erwischen! Obwohl man kaum in ihre schmalen Verstecke gelangt, lassen sie sich mit folgendem Trick aber immer fangen: Halbiert eine rohe Kartoffel, höhlt sie etwas aus und legt sie über Nacht umgedreht auf ein Brettchen in der Nähe des Silberfischchen-Schlupfwinkels. Am nächsten Morgen findet ihr hier sicherlich einige Tiere.

TIPP: Erst unter dem Binokular anschauen, dann samt Kartoffel auf den Kompost bringen.

Lästig an Obst

Fruchtfliegen schwirren an heißen Sommertagen urplötzlich in der Küche umher. Ihr erkennt die nur 2–3 mm kleinen Fliegen an ihren leuchtend roten Augen. Woher kommen die Tiere auf einmal? Meist hat man sie zusammen mit dem Obst „eingekauft“: Nicht selten kleben an Obstschalen im Sommer nämlich Hunderte Fruchtfliegen-Eier. Finden diese im Haus ideale Temperaturen (d. h. ca. 25° C), so schlüpfen die Larven und entwickeln sich im Fruchtfleisch zu Fruchtfliegen. Diese suchen wieder Obst, am liebsten solches mit kleinen Stellen oder auch offen stehende Wein-, Saft- oder Essigflaschen, um hier erneut Eier abzulegen. Schon nach 1–2 Wochen hat man so eine ganze Invasion von Fruchtfliegen in der Küche!

Gefürchtete Krankheitsüberträger

Zecken haben acht Beine und verraten sich damit als Spinnentiere. Sie lauern an Gräsern und Büschen, um sich bei Gelegenheit an einem Tier oder einem Menschen festzuklammern. Dann krabbeln sie so lange umher, bis sie ein möglichst warmes, dunkles und ungestörtes Plätzchen zum Blutsaugen gefunden haben. Der Stich der Zecke wird in den meisten Fällen nicht bemerkt, obwohl die Stechwerkzeuge der Zecke um ein

Vielfaches größer sind als jene der Mücke. Das liegt daran, dass Zecken über ein Betäubungsmittel verfügen, das die Einstichstelle unempfindlich macht.

Deshalb werden Zecken häufig übersehen, obwohl sie zum Teil mehrere Tage lang Blut saugen. Mit dem Stich übertragen Zecken für den Menschen gefährliche Krankheiten wie Borreliose und Hirnhautentzündung. Deshalb sollte man sich nach Spaziergängen durch Felder und Wiesen immer gut nach Zecken absuchen!

Der Körper einer Zecke ist sehr dehnbar: Hungrige Zecken sind nur wenige Millimeter groß, vollgesogen erreichen sie eine Größe von über 1 cm.

Knallrot und samtig

Samtmilben heißen die nur wenige Millimeter kleinen roten Tierchen, die im Sonnenschein oft gleich in Massen Balkone und Mauern bevölkern. Samtweich wirken sie, weil sie einen dichten Pelz roter Haare tragen. Mit ihren acht Beinen verraten auch sie ihre Zugehörigkeit zu den Spinnentieren.

Bei Gärtnern sind die harmlosen Milben beliebt, weil sie Pilze, Bakterien und große Mengen an Blattläusen inklusive deren Eier verspeisen.

Die futtern Wollpullis

Motten sind nachtaktive Schmetterlinge, die durch geöffnete Fenster und Türen in unsere Wohnungen fliegen und ihre rund 100 Eier an Naturfasern wie Felle oder Wolle ablegen. Nach wenigen Tagen schlüpfen aus den Eiern die typischen weißlichen Raupen mit brauner Kopfkapsel. Sie haben nun einen großen Appetit: auf Wolle oder Pelz – weshalb deine Kleidungsstücke beim Mottenbefall nach kurzer Zeit voller Löcher sind. Besonders gefährdet sind selten genutzte Kleider und Teppiche unter fest stehenden Möbelstücken. Typisch für alle Motten sind feste Gespinste aus Wolle. Die Pelzmotte schleppt dieses Gehäuse ständig mit sich herum, während die Kleidermotte ihr Gespinst an einer Stelle festheftet und bei Gefahr schnell hierhin zurückkehrt.

Motten sind kleine, unscheinbare und lichtscheue Schmetterlinge, die sich gern in Gardinen und zwischen Kleidung verkriechen.

Katrin Hecker / Frank Hecker

Steine Federn Muscheln

Naturkunst mit Kindern

2010. 144 Seiten, über 200 farbige Fotos, Klappenbroschur
CHF 33.90 (UVP) / EURO 24.90
ISBN 978-3-258-60007-9

Die Natur hält für große und kleine Naturkünstler unendlich viele Ideen und Materialien für eigene Kunstwerke bereit: Die Erde liefert formbaren Ton, rieselnden Sand und natürliche Erdfarben, schroffe Steine laden zum Gestalten von Trollen ein, spitze Steine fordern das Geschick im Stapeln heraus, biegsame Zweige lassen sich zu Nestern und Körben verflechten. Aus Ästen werden Klangspiele oder fantasievolle Baumhäuser gebaut, duftende Blumen zu sommerlichen Bildern verwebt, und aus Schnee lässt sich viel mehr bauen als ein Schneemann!

„Steine, Federn, Muscheln" bietet anhand von 26 Projekten Anleitungen und Inspirationen für Landschaftskünstler/innen und Naturkunstwerker/innen jeden Alters. Während die Landschaftskunst oft spontan mit den vorgefundenen Materialien in der freien Natur stattfindet, entstehen die geplanten Naturkunstwerke meist zuhause unter Zuhilfenahme von Schnüren, Nägeln oder Klebe. Neben den Projekten geben die Autoren auch viele Tipps für die Arbeit mit Naturmaterialien und Informationen zu Naturphänomenen.